U0224813

平面编织复合材料的
飞行器结构力学

熊峻江　白江波　著

科学出版社
北京

内 容 简 介

平面编织复合材料的飞行器结构力学(mechanics of plain woven composite aero-structures)是融材料学,复合材料力学,飞行器结构力学,疲劳、断裂力学,损伤力学等于一体的交叉学科,旨在研究平面编织复合材料的飞行器结构在外载荷作用下的变形和受力(传力)规律。本书着重阐述平面编织复合材料的飞行器结构力学基本原理及其在飞机和航天器工程实际中的应用,介绍平面编织复合材料的飞行器结构领域内一些重要新概念和新理念,如材料/结构一体化、结构/功能一体化等,并对重要的理论公式进行数学推导和试验验证。

本书可供从事复合材料飞行器结构设计和试验的研究人员参考,也可作为高校航空、航天等专业研究生教学用书。

图书在版编目(CIP)数据

平面编织复合材料的飞行器结构力学/熊峻江,白江波著. —北京:科学出版社,2020.6

ISBN 978-7-03-065392-5

Ⅰ.①平… Ⅱ.①熊… ②白… Ⅲ.①复合材料-飞行器-结构力学 Ⅳ.①V414

中国版本图书馆 CIP 数据核字(2020)第 096363 号

责任编辑:孙伯元 / 责任校对:郑金红
责任印制:吴兆东 / 封面设计:蓝正设计

科 学 出 版 社 出版
北京东黄城根北街 16 号
邮政编码:100717
http://www.sciencep.com

北京凌奇印刷有限责任公司 印刷
科学出版社发行 各地新华书店经销

*

2020 年 6 月第 一 版 开本:720×1000 B5
2020 年 6 月第一次印刷 印张:13 3/4
字数:270 000
POD定价: 99.00元
(如有印装质量问题,我社负责调换)

前　　言

随着飞行器结构技术的迅猛发展，复合材料在飞行器结构上已从次承力件发展到主承力件，从简单的单向纤维增强复合材料层压板或层压结构发展到复杂的双向平面编织复合材料层压结构或三向立体编织复合材料结构，从小批量试制发展到大规模生产。复合材料飞行器结构的设计与评定已经成为飞行器设计部门和用户共同关心的热点。

飞行器结构是受力元件和构件的综合，如机翼、机身、尾翼、桁架结构等，平面编织复合材料飞行器结构力学旨在研究平面编织复合材料飞行器结构在外载荷作用下的变形和受力(传力)规律。平面编织复合材料飞行器结构具有各向异性和非均质性，且有比金属更复杂的损伤模式和破坏机理，对于平面编织复合材料飞行器结构设计，传统的飞行器结构力学显得无能为力。由于所研究对象的几何和力学特征不同，而采用了不同的假设和前提，导致不同的分析方法，因此，平面编织复合材料飞行器结构力学与传统的飞行器结构力学存在很大差异。

平面编织复合材料用于制作飞行器工程构件，不仅需要解决材料的强度和刚度这类最基本的问题，而且还要解决在预期的使用条件下，材料可用多久的问题。因此，平面编织复合材料飞行器结构力学研究，需要综合利用材料学、复合材料力学、结构力学、疲劳、断裂力学、损伤力学、优化设计理论和计算机仿真技术等学科，从经济性和维修性要求出发，在预定使用寿命期间内，在规定工作条件下，在完成规定功能下，保证产品疲劳断裂失效的可能性(失效概率)减至最低程度。更新产品结构、预测寿命及进行全尺寸模拟试验等步骤，在产品设计阶段都可在计算机上实施。研究成果可直接用于飞机、舰船、电站、铁路、汽车等在预定寿命下平面编织复合材料结构的设计。作为一门现代科学技术，平面编织复合材料飞行器结构力学有着非常广阔的应用前景，产品使用寿命的长短、安全性与可靠性的高低已成为衡量一个国家科学技术水平的重要标志，例如飞机安全飞行、高速列车安全行驶、大型发电设备无故障运行等，都包含了平面编织复合材料飞行器结构力学的研究成果。

本书汇集作者研究成果，按学科体系纂辑而成，全书总体结构如下：将平面编织复合材料性能和失效准则，视为平面编织复合材料飞行器结构分析与设计的两个先决条件，一方面，系统论述(双向和三向)编织复合材料(单/双轴)拉伸、压缩、剪切、残余热应力、撕裂阻力、分层阻力性能分析方法，使用这些分析方法，对编织复合材料进行强度和损伤容限分析与设计；另一方面，围绕编织复合材料飞行器结构的特点，重点阐述编织复合材料的失效判据、损伤表征模型及渐进损伤算法，采用这些分析方法，可以对编织复合材料的飞行器薄壁结构、加筋薄壁结构、超长柔性结构强度和损伤容限进行分析与设计。

　　本书注重理论联系实际，将应用问题穿插于理论分析之中，所列举的一些算例都来源于工程实践。限于作者学识水平，本书难免存在不足之处，敬请各位专家和广大读者指正。

目　　录

第1章 绪 论

飞行器结构技术正以前所未有的速度向前发展。一方面，飞行器结构不断向大型化、多功能化、轻巧化、精密化及智能化发展，飞行器工作载荷和工作环境越来越严酷；另一方面，飞行器结构疲劳失效造成的损失也越来越大。出于经济性要求，飞行器结构必须能够最大程度地发挥其结构潜力。一场变革正在飞行器结构领域中兴起：一方面，飞行器结构由全金属结构向复合材料主承力结构演进(图 1.1～图 1.4)；另一方面，飞行器结构设计从单一的结构设计向材料/结构/设计/制造一体化转化。此变革源于复合材料特有的与纤维取向密切相关的各向异性性能、刚度与强度的可设计性，以及材料形成与结构成型同时完成的固化成型工艺特点。据统计[1]，航空复合材料产品价格昂贵，国外制件价格约为 4000～10000 元/kg，国内制件价格约为 10000～15000 元/kg，此外，碳纤维价格也居高不下，国内军用 T300 碳纤维价格高达 3500～4000 元/kg。高成本极大地制约了复合材料的推广应用，发展复合材料结构的低成本技术至关重要。

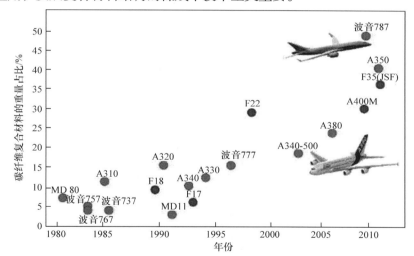

图 1.1　复合材料在飞机上的应用

与金属材料相比，复合材料具有材料/结构/设计/制造一体化特点，此特点模糊了设计与工艺、材料与结构的界限，促成了设计与制造、材料形成与结构成型的无缝搭接和过渡。复合材料是在纤维和基体组分材料的基础上，由细观结构设

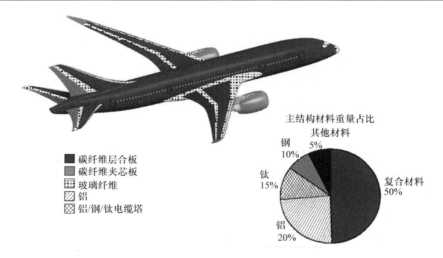

碳纤维层合板
碳纤维夹芯板
玻璃纤维
铝
铝/钢/钛电缆塔

图 1.2 波音 787 机体材料分布

图 1.3 A380 机身 19 段

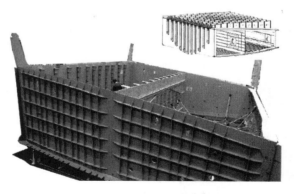

图 1.4 A380 复合材料中央翼盒

计出来；而复合材料结构则是在复合材料的基础上，由宏观结构设计出来。先进复合材料属于多元多相异质性材料，具有非均质性、各向异性等特点，这导致其损伤形式具有多重性，失效模式具有多样性，损伤演化规律和失效过程具有多层次跨尺度性，精确地设计与预测复合材料结构的失效过程具有很大的挑战性。目前，对于复合材料结构，尚缺乏成熟的设计分析方法和足够的设计与使用经验，为保证其结构的完整性，往往需要按照积木式方法(building block approach，BBA)，从试件、元件、典型结构件、构件/子结构，一直到全尺寸结构(综合验证)进行严格的考核(图 1.5)。大量的试验验证是造成复合材料结构设计成本高昂的主因，显然，发展先进而成熟的复合材料结构设计技术，结合计算机仿真技术，以虚拟试验代替实物试验，是降低复合材料结构设计成本的重要途径。

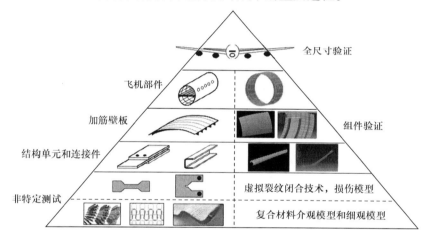

图 1.5　积木式方法

20 世纪 70 年代后期以来，欧美等国制定了一系列发展计划，比如，ACEE(Aircraft Energy Efficiency)、ALCAS(Advanced Low Cost Aircraft Structure)、ACT(Advanced Composite Technology)、CAI(Composites Affordability Initiative)、TANGO(Technology Application to the Near-Term Business Goals and Objectives)等，旨在创新设计概念，革新制造方法，推动低成本、轻质复合材料结构技术的发展，重点研究新的低成本化设计和制造技术，通过采用新的材料、设计方法和制造工艺，降低飞机成本，减轻机体结构重量，降低燃油消耗，减少环境污染，从而提高结构效率。上述研究计划的实施取得了积极的成果，积累了丰富的经验，加深了研究人员对复合材料结构的理解，推动了复合材料在飞机结构上的应用(如波音 787 和空中客车 A380、A350、A400M 等机型中大规模复合材料的应用)，并形成了低成本化、整体化的复合材料结构设计与制造技术。例如，美国航空航天局(National Aeronautics

and Space Administration，NASA)已开发出专用的计算结构力学试验软件 COMET (computational structural mechanics tested) 和复合材料结构耐久性评估软件 CODSTRAN (composite durability structural analysis)；通过大量的积木式试验验证，建立了材料的基本性能数据库和结构设计许用值，同时评估了结构设计思想，考核了结构制造技术，大大加快了新材料、新的结构设计和制造技术应用于实际工程的进程。

经多年对先进复合材料的研究、发展和应用，欧美等国已取得了长足的进步，从材料、设计、制造到试验验证逐步走向规范化、标准化和成熟化。在材料方面，发展了多种稳定的高性能材料体系，提高了材料的许用值和结构的设计值，完成验证并使用。例如，波音 787 的用材体系多在波音 777 完成验证，A380 的用材体系多在 A340-500/600 上完成验证，新机大量应用时材料体系几乎是现成的，无须再做大量工作。在设计方面，重点发展了创新性的优化设计技术，以设计/制造一体化(design for manufacture，DFM)技术为核心的数字化和自动化技术，采用全新的理念和手段将设计和制造进一步融为一体，从而加快了产品研发、质量提高、成本降低的步伐。在制造方面，大力发展新制造工艺和技术，实现了高度的自动化和整体化成型，发展了各种树脂传递模型(resin transfer moulding，RTM)成型工艺，大幅度地降低了制造成本，使之能与金属结构竞争。西方发达国家在重视硬件发展的同时，也极为注重软件技术的研发，有组织地统一制定规范，开发编制全行业的标准，改进最终产品的一致性，旨在将复合材料的设计和鉴定文件化、规范化，形成统一的指南，以减少风险、降低成本。美国联邦航空管理局咨询文件 AC20-107A 的贯彻执行、美国军用复合材料手册 MIL-HDBK-17 的不断修订和再版，以及各大飞机公司自用复合材料设计手册的不断修订和更新均是典型的实例。

我国复合材料飞机结构的应用与国际上先进国家的发展历程基本相同。军用和民用飞机的各类舵面已普遍选择复合材料结构，运-7 系列支线飞机的腹鳍、方向舵等次承力结构最先应用了先进复合材料。复合材料尾翼结构在 20 世纪 80 年代末就开始应用，90 年代中期，我国设计并研制成功运-7 复合材料垂尾，取得了适航证。通过多年大量的研制实践，复合材料结构的低成本化技术研究已取得可喜成果，初步形成先进低成本复合材料制造能力，低成本 RTM、真空辅助树脂传递模型(Vacuum assisted RTM，VARTM)、树脂膜渗透(resin film infusion，RFI)、真空辅助树脂渗透(vacuum assisted resin infusion，VARI)成型技术已应用于产品，大量的试验验证了工艺的可行性。舵面等次承力、低成本 VARI 工艺的复合材料结构与金属结构相比，重量降低 25%，制造成本降低 17%。"十一五"期间，我国完成了民机全尺寸复合材料尾翼设计、制造与试验，我国的复合材料结构技术在损伤容限设计与验证、无损检测、加筋整体化结构制造/工艺、复合材料结构适航验证等方面迈上了一个新高度。目前，我国正进行复合材料机翼主承力结构技术的研制工作，机翼结构外形复杂、连接部位多、结构复杂、尺寸大、加工制造难度大，同时，机翼需要考虑发动机吊挂接头、起落架支撑结构等集中载荷的影响等，这些因素给设计和制造带来很多技术难题。

从国内外复合材料结构技术发展状况可以看出以下发展趋势。①随着复合材料在飞机结构设计和使用经验的积累，以及计算机技术的飞速发展和有限元分析手段的不断完善，基于理论分析方法的数字化虚拟设计/制造一体化技术正在形成，在复合材料飞机结构设计、制备和验证过程中，传统的积木式验证方法正向分析为主、试验支持(primarily analytical, supported by test evidence)的技术手段转变，虚拟试验正代替大量实物试验，使得复合材料结构的研制成本，周期和风险进一步降低。②各种低成本的广义 RTM 成型技术受到极大重视和发展，从成本上看至少可节省大量的纤维预浸、运输、保管的费用，而且液体成型工艺能源消耗相对较低。③经过对多种复合材料飞机结构的设计分析，研究人员基本掌握了树脂基复合材料结构设计的选材原则、使用值计算、铺层规则、加筋结构设计、连接接头设计以及试验分析等方面的技术，这些技术大部分经过了工程应用的验证，利用工程验证的数据，进行整理和分析，找出规律，可使设计过程由复杂变为简单。同时，复合材料结构技术的研制尚存在以下问题。①复合材料存在复杂损伤机理与失效模式(如纤维拉伸断裂、纤维屈曲、纤维-基体脱胶、基体开裂以及层间分层等)，且不同模式损伤之间存在相互作用，现有经验性的唯像失效判据，都难以直接而有效地识别、预报复合材料复杂的损伤模式的发生与演化，发展新的能预报损伤模式发生与演化的失效判据和准则刻不容缓。②复合材料多模式损伤相互作用使得复合材料结构的载荷传递、多轴应力分布及渐进损伤演化的分析计算非常复杂、技术难度高、计算量大，目前尚无合适技术手段有效分析复合材料多模式损伤相互作用机制，以及损伤局部化导致的多轴应力效应。需要发展复合材料多模式损伤演化模型，才能真实反映复合材料多模式损伤演化的特性，目前尚缺乏相应的试验数据和理论模型。③复合材料结构具有各向异性、非均质性和可设计性特点，对复合工艺存在很强的依赖性，但是，复合材料结构性能往往受到制件形状与尺寸、铺层顺序与体积含量、复合或成型工艺的影响，建立复合材料结构性能与宏细观结构参数和工艺参数之间关系，是保证复合材料结构质量一致性和低成本化的关键。

本书融合材料学、复合材料力学、结构力学、疲劳、断裂力学、损伤力学等学科，建立平面编织复合材料(二向和三向)的细观力学分析模型，推导一系列预测平面编织复合材料力学性能解析解；提出基于应力/应变控制的平面编织复合材料剩余强度与剩余寿命表征模型，发展静载荷和疲劳载荷谱作用下平面编织复合材料结构渐进损伤算法；建立航天器复合材料柔性豆荚杆大变形折叠的层间剪切应力解析解，解决复合材料柔性豆荚杆大变形折叠的剪切破裂难题；上述模型和算法对高性能平面编织复合材料的结构设计低成本化技术发展奠定理论基础。

参 考 文 献

[1] 陈绍杰. 我国先进复合材料技术领域的问题与差距. 高科技纤维与应用, 2015, 40(3): 1-7.

第 2 章　平面编织复合材料的细观力学本构模型

2.1　双向正交平面编织复合材料单轴拉伸性能解析解

对于平面编织复合材料单轴拉伸性能，国内外进行了大量的研究[1-7]。经典的理论模型包括：Mosaic 模型[3]、1D 模型[4]、2D PS 模型[5]和 2D SP 模型[5]。Mosaic 模型没有考虑纤维束波动形状和各向异性纤维束之间的相互作用，将平面编织复合材料简化为层合板，模型简化严重偏离实际情况，预测效果不理想；1D 模型、2D PS 模型和 2D SP 模型考虑了纤维束波动形状，但没有考虑各向异性纤维束之间的相互作用，预测精度在一定程度上也受到影响。显然，符合实际情况的理论模型必须同时考虑纤维束的弯曲波动形状和不同方向纤维束之间的相互作用，同时，只需输入少量的组分材料性能和平面编织结构尺寸即可快速完成对宏观力学性能的预测[8-12]。

双向正交平面编织复合材料纤维布通常由经向和纬向各向异性纤维束正交周期性排布而成(图 2.1)，其力学性能的影响因素包括编织形式、织物几何形状[纤维束横截面几何形状、纤维束波动形状、纤维束完好度、纱线数和编织条件(均衡或非均衡)等]、纤维体积分数、组分材料性能等。如果双向正交平面编织复合材料经向和纬向性能相同，则材料是均衡的，否则材料为非均衡的。双向正交平面编织复合材料经向和纬向纤维束的交错编织导致纤维束弯曲，会显著影响其模量和强度。纤维束编织时，相邻纤维束之间的间隙大小决定织物致密程度，纤维束弯曲波动长度和相邻纤维束之间的间隙可以通过纤维束横截面几何形状和织物密度(经向或纬向单位长度上的纤维束数量)确定，也可以通过扫描电镜等仪器拍摄的微观照片或数学形状函数确定，基于这些几何参数，可以得到纤维体积分数 V_f。除上述影响因素外，各单层的铺层方向以及经向和纬向相邻纤维束之间相对滑动也会影响双向正交平面编织复合材料力学性能，因此，通常认为双向正交平面编织复合材料没有相对铺层角度偏差以及滑移的理想铺层。纤维束横观各向同性，只需要 4 个弹性常数(即 E_{11}，E_{22}，μ_{12}，G_{12})描述弹性性能。

对于双向正交平面编织复合材料代表性体积单元，各向异性的纤维束可以理想化为用正弦函数描述形状波动的曲梁模型，如图 2.2 所示，图中，下角"1"表示经向，下角"2"表示纬向，其几何尺寸可以通过 5 个变量描述，即曲梁的宽度(a_1 和 a_2)、曲梁的高度(b_1 和 b_2)、曲梁的长度($2a_2 + 2g_2$ 和 $2a_1 + 2g_1$)、纤维束之间

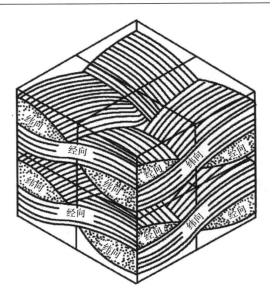

图 2.1 理想化的双向正交平面编织复合材料代表性体积单元[13]

的间隙(g_1 和 g_2)、正弦形函数波动幅值($h_1/2$ 和 $h_2/2$)。对于双向正交平面编织物，$h_1 = b_2$，$h_2 = b_1$，并且单层厚度为 $H = h_1 + b_1 = b_1 + b_2$；然而，对于双向正交平面编织复合材料，$h_1 > b_2$，$h_2 > b_1$ 且 $H = h_1 + b_1 > b_1 + b_2$ (图 2.3)。由于编织复合材料编织物中填满树脂基体，编织物中填充树脂后经向和纬向纤维束的横截面可进一步简化(图 2.4)，含树脂纤维束简化的横截面几何形状如图 2.5 所示。

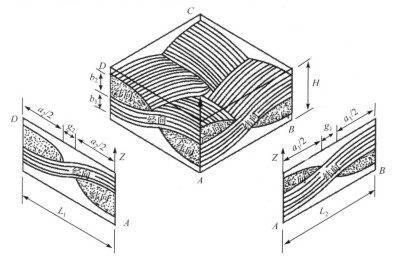

图 2.2 双向正交平面编织复合材料代表性体积单元及其几何参数[13]

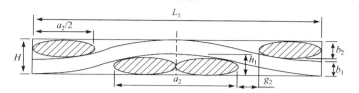

图 2.3　编织物中经向和纬向纤维束的横截面

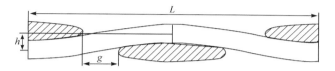

图 2.4　经向和纬向纤维束简化的横截面

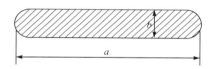

图 2.5　含树脂纤维束简化的横截面几何形状

由图 2.5 可以得到截面面积 A 和截面惯性矩 I 的表达式：

$$A = \frac{1}{4}\pi b^2 + b(a-b) \tag{2.1}$$

$$I = \frac{1}{64}\pi b^4 + \frac{1}{12}b^3(a-b) \tag{2.2}$$

因经向和纬向纤维束理想化成正弦的曲梁，令 $L_1 = 2a_2 + 2g_2$，$L_2 = 2a_1 + 2g_1$，那么，可以得到经向和纬向纤维束中性轴波动路径：

$$z_1 = \frac{h_2}{2}\sin\frac{2\pi x}{L_1} \tag{2.3}$$

$$z_2 = \frac{h_1}{2}\sin\frac{2\pi y}{L_2} \tag{2.4}$$

利用式(2.3)，可以得到经向纤维束任意微段 $\mathrm{d}x$ (图 2.6)的中性轴切向角 θ 的表达式：

$$\tan\theta = \frac{\mathrm{d}z_1}{\mathrm{d}x} = \frac{\pi h_1}{L_1}\cos\frac{2\pi x}{L_1} \tag{2.5}$$

同理，可以得到纬向纤维束任意微段的中性轴切向角 ϕ 的表达式：

$$\tan\phi = \frac{\mathrm{d}z_2}{\mathrm{d}y} = \frac{\pi h_2}{L_2}\cos\frac{2\pi y}{L_2} \tag{2.6}$$

在单轴拉伸载荷作用下，沿载荷方向的纤维束会被拉直，而垂直载荷方向的纤维束则会被卷曲和弯皱(图 2.7),在经向和纬向纤维束交错位置产生相互作用力(图 2.8)。假定外部单轴拉伸载荷、相互作用力和约束的弯矩分别为 N_1、N_2、M_1 和 M_2(图 2.8),则经向和纬向纤维束任意横截面的弯矩和轴力可以分别表示为

$$M_1(x)=\begin{cases} M_1+N_1\dfrac{h_1}{2}\left[1-\cos\left(\dfrac{2\pi x}{L_1}\right)\right]-\dfrac{1}{2}N_2 x, & x\leqslant\dfrac{1}{2}L_1 \\[2mm] M_1+N_1\dfrac{h_1}{2}\left[1-\cos\left(\dfrac{2\pi x}{L_1}\right)\right]-\dfrac{1}{2}N_2(L_1-x), & \dfrac{1}{2}L_1<x\leqslant L_1 \end{cases} \tag{2.7}$$

$$M_2(y)=\begin{cases} \dfrac{1}{2}N_2 y+M_2, & y\leqslant\dfrac{1}{2}L_2 \\[2mm] \dfrac{1}{2}N_2(L_2-y)+M_2, & \dfrac{1}{2}L_2<y\leqslant L_2 \end{cases} \tag{2.8}$$

$$N(x)=\frac{N_1}{\sqrt{1+\dfrac{h_1^2\pi^2}{L_1^2}\sin^2\left(\dfrac{2\pi x}{L_1}\right)}} \tag{2.9}$$

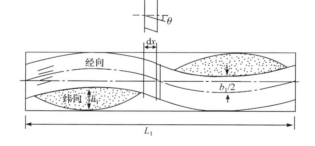

图 2.6 简化的纤维束横截面图

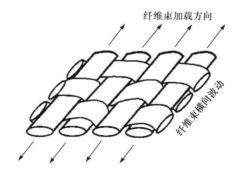

图 2.7 受拉伸载荷的双向正交平面编织复合材料

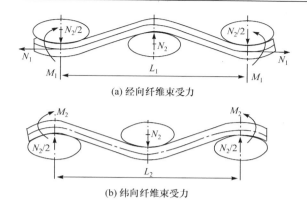

(a) 经向纤维束受力

(b) 纬向纤维束受力

图 2.8　双向正交平面编织复合材料纤维束受力

由式(2.7)和式(2.9)，可以得到代表性体积单元中经向纤维束的余应变能：

$$U_1^* = \frac{1}{2E_1 I_1} \int_0^{L_1} M_1^2(x)\mathrm{d}l + \frac{1}{2E_1 A_1} \int_0^{L_1} N^2(x)\mathrm{d}l$$

$$= \frac{1}{2E_1 I_1} \int_{L_1/2}^{L_1} \left\{ M_1 + N_1 \frac{h_1}{2}\left[1 - \cos\left(\frac{2\pi x}{L_1}\right)\right] - \frac{1}{2}N_2(L_1 - x) \right\}^2 \left[\sqrt{1 + \frac{h_1^2 \pi^2}{L_1^2}\sin^2\left(\frac{2\pi x}{L_1}\right)}\right]\mathrm{d}x$$

$$+ \frac{1}{2E_1 A_1} \int_0^{L_1} \frac{N_1^2}{1 + \frac{h_1^2 \pi^2}{L_1^2}\sin^2\left(\frac{2\pi x}{L_1}\right)} \left[\sqrt{1 + \frac{h_1^2 \pi^2}{L_1^2}\sin^2\left(\frac{2\pi x}{L_1}\right)}\right]\mathrm{d}x \qquad (2.10)$$

式中，I_1 为经向纤维束的惯性矩；E_1 表示经向纤维束的弹性模量，可以表示为

$$E_1 = E_f V_{f1} + E_m(1 - V_{f1}) \qquad (2.11)$$

由于经向纤维束的几何对称性，并且外载荷与内力也是对称的，式(2.10)可以进一步表示为

$$U_1^* = \frac{1}{E_1 I_1} \int_0^{L_1/2} \left\{ M_1 + N_1 \frac{h_1}{2}\left[1 - \cos\left(\frac{2\pi x}{L_1}\right)\right] - \frac{1}{2}N_2 x \right\}^2 \left[\sqrt{1 + \frac{h_1^2 \pi^2}{L_1^2}\sin^2\left(\frac{2\pi x}{L_1}\right)}\right]\mathrm{d}x$$

$$+ \frac{1}{E_1 A_1} \int_0^{L_1/2} \frac{N_1^2}{\sqrt{1 + \frac{h_1^2 \pi^2}{L_1^2}\sin^2\left(\frac{2\pi x}{L_1}\right)}}\mathrm{d}x \qquad (2.12)$$

同理，可得到代表性体积单元中纬向纤维束的余应变能：

$$U_2^* = \frac{1}{E_1 I_2} \int_0^{L_2/2} \left(\frac{1}{2} N_2 y + M_2 \right)^2 \left[\sqrt{1 + \frac{h_2^2 \pi^2}{L_2^2} \sin^2 \left(\frac{2\pi y}{L_2} \right)} \right] \mathrm{d}y \tag{2.13}$$

式中，I_2 为纬向纤维束的惯性矩。

由式(2.12)和式(2.13)，可得代表性体积单元中经向和纬向纤维束的总余能：

$$\begin{aligned} \Pi^* = U_1^* + U_2^* = \frac{1}{E_1} \big(&M_1^2 J_{1,1} + N_1^2 J_{1,2} + N_2^2 J_{1,3} + M_1 N_1 J_{1,4} \\ &- M_1 N_2 J_{1,5} - N_1 N_2 J_{1,6} + N_1^2 J_{1,7} + M_2^2 J_{1,8} + M_2 N_2 J_{1,9} + N_2^2 J_{1,10} \big) \end{aligned} \tag{2.14}$$

式中，$J_{i,j}$ 为中间变量，具体表达式如下：

$$J_{1,1} = \frac{1}{I_1} \int_0^{L_1/2} \left[\sqrt{1 + \frac{h_2^2 \pi^2}{L_1^2} \sin^2 \left(\frac{2\pi x}{L_1} \right)} \right] \mathrm{d}x \tag{2.15}$$

$$J_{1,2} = \frac{h_2^2}{4 I_1} \int_0^{L_1/2} \left[1 - \cos \left(\frac{2\pi x}{L_1} \right) \right]^2 \left[\sqrt{1 + \frac{h_2^2 \pi^2}{L_1^2} \sin^2 \left(\frac{2\pi x}{L_1} \right)} \right] \mathrm{d}x \tag{2.16}$$

$$J_{1,3} = \frac{1}{4 I_1} \int_0^{L_1/2} x^2 \left[\sqrt{1 + \frac{h_2^2 \pi^2}{L_1^2} \sin^2 \left(\frac{2\pi x}{L_1} \right)} \right] \mathrm{d}x \tag{2.17}$$

$$J_{1,4} = \frac{h_2}{I_1} \int_0^{L_1/2} \left[1 - \cos \left(\frac{2\pi x}{L_1} \right) \right] \left[\sqrt{1 + \frac{h_2^2 \pi^2}{L_1^2} \sin^2 \left(\frac{2\pi x}{L_1} \right)} \right] \mathrm{d}x \tag{2.18}$$

$$J_{1,5} = \frac{1}{I_1} \int_0^{L_1/2} x \left[\sqrt{1 + \frac{h_2^2 \pi^2}{L_2^2} \sin^2 \left(\frac{2\pi x}{L_1} \right)} \right] \mathrm{d}x \tag{2.19}$$

$$J_{1,6} = \frac{h_2}{2 I_1} \int_0^{L_1/2} x \left[1 - \cos \left(\frac{2\pi x}{L_1} \right) \right] \left[\sqrt{1 + \frac{h_2^2 \pi^2}{L_1^2} \sin^2 \left(\frac{2\pi x}{L_1} \right)} \right] \mathrm{d}x \tag{2.20}$$

$$J_{1,7} = \frac{1}{A_1} \int_0^{L_1/2} \frac{1}{\sqrt{1 + \frac{h_2^2 \pi^2}{L_1^2} \sin^2 \left(\frac{2\pi x}{L_1} \right)}} \mathrm{d}x \tag{2.21}$$

$$J_{1,8} = \frac{1}{I_2} \int_0^{L_2/2} \left[\sqrt{1 + \frac{h_1^2 \pi^2}{L_2^2} \sin^2 \left(\frac{2\pi y}{L_2} \right)} \right] \mathrm{d}y \tag{2.22}$$

$$J_{1,9} = \frac{1}{I_2} \int_0^{L_2/2} y \left[\sqrt{1 + \frac{h_1^2 \pi^2}{L_2^2} \sin^2 \left(\frac{2\pi y}{L_2} \right)} \right] \mathrm{d}y \tag{2.23}$$

$$J_{1,10} = \frac{1}{I_2} \int_0^{L_2/2} y^2 \left[\sqrt{1 + \frac{h_1^2 \pi^2}{L_2^2} \sin^2\left(\frac{2\pi y}{L_2}\right)} \right] \mathrm{d}y \tag{2.24}$$

$$J_{2,1} = \frac{1}{I_2} \int_0^{L_2/2} \left[\sqrt{1 + \frac{h_2^2 \pi^2}{L_2^2} \sin^2\left(\frac{2\pi y}{L_2}\right)} \right] \mathrm{d}y \tag{2.25}$$

$$J_{2,2} = \frac{h_2^2}{4 I_2} \int_0^{L_2/2} \left[1 - \cos\left(\frac{2\pi y}{L_2}\right) \right]^2 \left[\sqrt{1 + \frac{h_2^2 \pi^2}{L_2^2} \sin^2\left(\frac{2\pi y}{L_2}\right)} \right] \mathrm{d}y \tag{2.26}$$

$$J_{2,3} = \frac{1}{4 I_2} \int_0^{L_2/2} y^2 \left[\sqrt{1 + \frac{h_2^2 \pi^2}{L_2^2} \sin^2\left(\frac{2\pi y}{L_2}\right)} \right] \mathrm{d}y \tag{2.27}$$

$$J_{2,4} = \frac{h_2}{I_2} \int_0^{L_2/2} \left[1 - \cos\left(\frac{2\pi y}{L_2}\right) \right] \left[\sqrt{1 + \frac{h_2^2 \pi^2}{L_2^2} \sin^2\left(\frac{2\pi y}{L_2}\right)} \right] \mathrm{d}y \tag{2.28}$$

$$J_{2,5} = \frac{1}{I_2} \int_0^{L_2/2} y \left[\sqrt{1 + \frac{h_2^2 \pi^2}{L_2^2} \sin^2\left(\frac{2\pi y}{L_2}\right)} \right] \mathrm{d}y \tag{2.29}$$

$$J_{2,6} = \frac{h_1}{2 I_2} \int_0^{L_2/2} y \left[1 - \cos\left(\frac{2\pi y}{L_2}\right) \right] \left[\sqrt{1 + \frac{h_2^2 \pi^2}{L_2^2} \sin^2\left(\frac{2\pi y}{L_2}\right)} \right] \mathrm{d}y \tag{2.30}$$

$$J_{2,7} = \frac{1}{A_2} \int_0^{L_2/2} \frac{1}{\sqrt{1 + \frac{h_2^2 \pi^2}{L_2^2} \sin^2\left(\frac{2\pi y}{L_2}\right)}} \mathrm{d}y \tag{2.31}$$

$$J_{2,8} = \frac{1}{I_1} \int_0^{L_1/2} \left[\sqrt{1 + \frac{h_1^2 \pi^2}{L_1^2} \sin^2\left(\frac{2\pi x}{L_1}\right)} \right] \mathrm{d}x \tag{2.32}$$

$$J_{2,9} = \frac{1}{I_1} \int_0^{L_1/2} x \left[\sqrt{1 + \frac{h_1^2 \pi^2}{L_1^2} \sin^2\left(\frac{2\pi x}{L_1}\right)} \right] \mathrm{d}x \tag{2.33}$$

$$J_{2,10} = \frac{1}{I_1} \int_0^{L_1/2} x^2 \left[\sqrt{1 + \frac{h_1^2 \pi^2}{L_1^2} \sin^2\left(\frac{2\pi x}{L_1}\right)} \right] \mathrm{d}x \tag{2.34}$$

$$J_2 = 2 J_{2,2} + 2 J_{2,7} - \frac{J_{2,4}^2}{2 J_{2,1}} + \frac{2 J_{2,4} J_{2,5} J_{2,6} - 2 J_{2,1} J_{2,6}^2 - J_{2,4}^2 J_{2,5}^2 \big/ (2 J_{2,1})}{4 J_{2,1} J_{2,3} + 4 J_{2,1} J_{2,10} - J_{2,5}^2 - J_{2,1} J_{2,9}^2 \big/ J_{2,8}} \tag{2.35}$$

由最小余能原理，可得

$$\frac{\partial \varPi^*}{\partial M_2} = 2J_{1,8}M_2 + J_{1,9}N_2 = 0 \tag{2.36}$$

$$\frac{\partial \varPi^*}{\partial N_2} = 2J_{1,3}N_2 - J_{1,5}M_1 - J_{1,6}N_1 + J_{1,9}M_2 + 2J_{1,10}N_2 = 0 \tag{2.37}$$

$$\frac{\partial \varPi^*}{\partial M_1} = 2J_{1,1}M_1 + J_{1,4}N_1 - J_{1,5}N_2 = 0 \tag{2.38}$$

将式(2.36)进一步变换，可得

$$M_2 = -\frac{J_{1,9}}{2J_{1,8}}N_2 \tag{2.39}$$

将式(2.39)代入式(2.37)，可得

$$2J_{1,3}N_2 - J_{1,5}M_1 - J_{1,6}N_1 - \frac{J_{1,9}^2}{2J_{1,8}}N_2 + 2J_{1,10}N_2 = 0 \tag{2.40}$$

联立方程(2.38)和(2.40)，可以得到 N_2 和 M_1：

$$N_2 = \frac{J_{1,6} - J_{1,4}J_{1,5}/2J_{1,1}}{2J_{1,3} + 2J_{1,10} - J_{1,5}^2/2J_{1,1} - J_{1,9}^2/2J_{1,8}} N_1 = J_{1,11}N_1 \tag{2.41}$$

$$M_1 = \left(-\frac{J_{1,4}}{2J_{1,1}} + \frac{J_{1,6}J_{1,5} - J_{1,4}J_{1,5}^2/2J_{1,1}}{4J_{1,1}J_{1,3} + 4J_{1,1}J_{1,10} - J_{1,5}^2 - J_{1,1}J_{1,9}^2/J_{1,8}} \right)N_1 = J_{1,12}N_1 \tag{2.42}$$

根据势能原理，可以推导出经向纤维束沿拉伸外载荷方向的变形量 $\varDelta_t$：

$$
\begin{aligned}
\varDelta_t &= \int_0^{L_1} \frac{M_1(x)}{E_1 I_1} \frac{\partial M_1(x)}{\partial N_1} \mathrm{d}l + \int_0^{L_1} \frac{N(x)}{E_1 A_1} \frac{\partial N(x)}{\partial N_1} \mathrm{d}l = \frac{1}{E_1}\left(2J_{1,2}N_1 + J_{1,4}M_1 - J_{1,6}N_2 + 2J_{1,7}N_1 \right) \\
&= \frac{1}{E_1}\left[2J_{1,2} + 2J_{1,7} - \frac{J_{1,4}^2}{2J_{1,1}} + \frac{2J_{1,4}J_{1,5}J_{1,6} - 2J_{1,1}J_{1,6}^2 - J_{1,4}^2J_{1,5}^2\big/(2J_{1,1})}{4J_{1,1}J_{1,3} + 4J_{1,1}J_{1,10} - J_{1,5}^2 - J_{1,1}J_{1,9}^2\big/J_{1,8}} \right]N_1
\end{aligned}
\tag{2.43}
$$

令 $J_{1,13} = 2J_{1,2} + 2J_{1,7} - \dfrac{J_{1,4}^2}{2J_{1,1}} + \dfrac{2J_{1,4}J_{1,5}J_{1,6} - 2J_{1,1}J_{1,6}^2 - J_{1,4}^2J_{1,5}^2\big/(2J_{1,1})}{4J_{1,1}J_{1,3} + 4J_{1,1}J_{1,10} - J_{1,5}^2 - J_{1,1}J_{1,9}^2\big/J_{1,8}}$，则式(2.43)

变为

$$\varDelta_t = \frac{J_{1,13}}{E_1}N_1 \tag{2.44}$$

由纤维束组成的代表性体积单元整体弹性模量可以表示为

$$E_{tt} = \frac{N_1 L_1}{A_1 \varDelta_t} = \frac{E_1 L_1}{A_1 J_{1,13}} \tag{2.45}$$

再利用混合定律，由代表性体积单元整体弹性模量 E_{tt} 和树脂基体弹性模量

E_{m}，可得双向正交平面编织复合材料经向拉伸弹性模量 E_{t}：

$$E_{\mathrm{t}} = E_{\mathrm{tt}} V_{\mathrm{f2}} + E_{\mathrm{m}} \left(1 - V_{\mathrm{f2}}\right) = E_1 \frac{L_1 V_{\mathrm{f2}}}{A_1 J_{1,13}} + E_{\mathrm{m}} \left(1 - V_{\mathrm{f2}}\right) \tag{2.46}$$

同理，可得双向正交平面编织复合材料纬向拉伸弹性模量。需要指出的是，上述模型考虑了双向正交平面编织复合材料经向和纬向纤维束之间的相互作用，仅需要少量的几何参数和组分材料性能就可以预测拉伸弹性模量。

经向纤维束在拉伸外载荷作用下，最大应力出现在纤维束波峰的上下表面，分别为

$$\sigma_{1\max} = \frac{N_1}{A_1} + \frac{h_1}{2I_1} \left(\frac{N_1 h_1}{2} - 2N_2 L_1 + M_1 \right), \quad z_0 = \frac{-h_1}{2} \tag{2.47}$$

$$\sigma_{2\max} = \frac{N_1}{A_1} + \frac{h_1}{2I_1} \left(-\frac{N_1 h_1}{2} + 2N_2 L_1 - M_1 \right), \quad z_0 = \frac{h_1}{2} \tag{2.48}$$

将式(2.41)和式(2.42)代入式(2.47)和式(2.48)，可得双向正交平面编织复合材料经向拉伸失效载荷：

$$N_{\mathrm{cr1}} = X_{\mathrm{t0}} \left[\frac{1}{A_1} + \frac{h_1}{2I_1} \left(\frac{h_1}{2} - 2J_{1,11} L_1 + J_{1,12} M_1 \right) \right]^{-1}, \quad z_0 = \frac{-h_1}{2} \tag{2.49}$$

$$N_{\mathrm{cr2}} = X_{\mathrm{t0}} \left[\frac{1}{A_1} + \frac{h_1}{2I_1} \left(-\frac{h_1}{2} + 2J_{1,11} L_1 - J_{1,12} \right) \right]^{-1}, \quad z_0 = \frac{h_1}{2} \tag{2.50}$$

式中，N_{cr1} 为波峰上表面拉伸失效时双向正交平面编织复合材料经向拉伸外载荷；N_{cr2} 为波峰下表面拉伸失效时双向正交平面编织复合材料经向拉伸外载荷；X_{t0} 为纤维束间基体承力折算到纤维束后的等效拉伸强度，可表示为

$$X_{\mathrm{t0}} = X_{\mathrm{t}} V_0 + X_{\mathrm{t}} E_{\mathrm{tt}}^{-1} E_{\mathrm{m}} \left(1 - V_0\right) \tag{2.51}$$

式中，V_0 为纤维束在代表性体积单元中的体积分数。

双向正交平面编织复合材料经向拉伸强度可以表示为

$$X_{1\mathrm{t}} = \frac{2\min\left(N_{\mathrm{cr1}}, N_{\mathrm{cr2}}\right)}{L_2 H} \tag{2.52}$$

同理，可得双向正交平面编织复合材料纬向拉伸强度。

共有 4 组试验数据验证上述双向正交平面编织复合材料拉伸性能解析模型，其中 3 组数据来自文献[6]、文献[7]，1 组数据由试验测定，双向正交平面编织复合材料的组分材料力学性能和几何参数如表 2.1 所示。根据 ASTM 拉伸试验标准 D3039M-2000(R06)，试验测定了 EW220/5284 双向正交平面编织复合材料的经向和纬向拉伸模量，每个方向有 6 个试验件，试验件几何形状如图 2.9 所示，EW220/5284 双向正交平面编织复合材料由 EW220 玻璃纤维织物和 5284 环氧树脂通过 RTM 工艺制备而成，试验结果如图 2.10 和表 2.2 所示。

表 2.1　双向正交平面编织复合材料的组分材料力学性能和几何参数

几何参数	E-glass/epoxy[6]	E-glass/epoxy[7]	T300/epoxy[7]	EW220/5284 经向	EW220/5284 纬向
a / mm	0.62	0.5	1.1	1.0	1.2
h / mm	0.1	0.05	0.075	0.104	0.094
b / mm	0.1	0.05	0.075	0.08	0.07
g / mm	0.05	0.23	0.01	0.04	0.15
L / mm	1.34	1.46	2.22	2.93	2.20
d / mm	0.21	0.15	0.16	0.17	
V_f	0.42	0.25	0.44	0.55	
V_{f1}	0.7	0.7	0.64	0.7	
V_{f2}	0.6	0.36	0.68	0.78	
E_1 / GPa	51.5	51.1	148.8	65.1	
E_2 / GPa	17.5	16.0	12.2	22.9	
G_{12} / GPa	5.8	5.77	4.81	8.4	
μ_{12}	0.31	0.31	0.29	0.24	
E_m / GPa	3.5	3.5	3.5	3.2	
G_m / GPa	1.3	1.3	1.3	1.1	
μ_m	0.35	0.35	0.35	0.42	
A / mm²	0.059	0.024	0.081	0.087	
I / 10^{-5} mm⁴	4.83	0.50	3.76	4.09	3.19

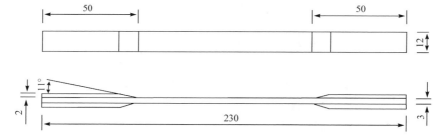

图 2.9　拉伸试验件(单位：mm)

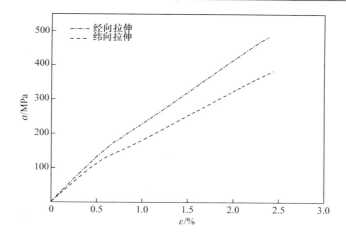

图 2.10　经向和纬向拉伸应力-应变曲线

表 2.2　EW220/5284 双向正交平面编织复合材料拉伸模量　　（单位：GPa）

	经向	纬向
试验件 1	18.37	14.12
试验件 2	20.23	13.62
试验件 3	20.78	13.79
试验件 4	18.52	14.70
试验件 5	19.24	14.93
试验件 6	18.65	14.26
均值	19.30	14.24

　　用于验证双向正交平面编织复合材料拉伸性能解析模型的 4 组试验数据如表 2.3 所示，分别采用 Mosaic 模型、1D 模型、2D PS 模型、2D SP 模型和本书模型预测了 4 种材料的拉伸模量(表 2.3)，由表 2.3 可知，本书模型与试验结果吻合良好，具有更高的预测精度，验证了本书模型的有效性。事实上，Mosaic 模型、1D 模型、2D PS 模型和 2D SP 模型均是基于经典层合板理论推导出的拉伸模量，忽略了不同方向纤维束搭接处之间的相互作用力，而本书模型考虑了此因素，同时，采用正弦形函数比较精确地描述了纤维束的波动形状，因此，本书模型预测精度更高。

表 2.3　双向正交平面编织复合材料拉伸模量预测值与试验值对比

	EW220/5284		E-glass/epoxy[6]	E-glass/epoxy[7]	T-300/epoxy[7]
	经向	纬向			
试验值/GPa	19.3	14.2	19.3	14.5	60.3
本书模型　预测值/GPa	21.83	12.20	19.09	13.41	58.91

续表

		EW220/5284		E-glass/epoxy[6]	E-glass/epoxy[7]	T-300/epoxy[7]
		经向	纬向			
本书模型	相对偏差/%	13.1	12.7	1.1	7.5	2.3
Mosaic[3]	预测值/GPa	25.25	22.93	19.71	12.89	54.82
	相对偏差/%	30.8	61.5	2.1	11.1	9.1
1D[4]	预测值/GPa	22.77	19.11	16.18	12.39	44.70
	相对偏差/%	17.6	34.6	16.2	14.6	25.9
2D PS[5]	预测值/GPa	21.92	17.68	19.12	11.89	47.04
	相对偏差/%	13.6	24.5	0.9	18.0	22.0
2D SP[5]	预测值/GPa	21.91	17.67	19.08	11.82	47.03
	相对偏差/%	13.5	24.4	1.1	18.5	22.0

2.2 双向正交平面编织复合材料面内剪切性能解析解

由图 2.5 还可以得到纤维束惯性矩和极惯性矩，即

$$I_z = \frac{1}{64}\pi b^4 + \frac{1}{12}b^3(a-b) \tag{2.53}$$

$$I_y = \frac{1}{64}\pi b^4 + \frac{1}{12}b(a-b)^3 + \frac{1}{16}\pi b^2(a-b)^2 \tag{2.54}$$

$$I_p = I_y + I_z \tag{2.55}$$

承受外剪切载荷的代表性体积单元的经向和纬向纤维束在纵向和横向发生相对弯曲和扭转(图 2.11)，为简化模型，将经向和纬向纤维束之间的接触问题理想化为简单的接触力约束，剪切外载荷和纤维束内力分别为 N_1、N_2、N_3、N_4、N_5、M_1、M_2、T_1 和 T_2(图 2.12)，经向和纬向纤维束任意横截面上的力和力矩可以分别表示为

$$N_4 = N_1 - 2N_3\sin\frac{\theta}{2} \tag{2.56}$$

$$N_5 = 2N_3\sin\frac{\theta}{2} \tag{2.57}$$

$$M_1 = N_3 a_1 \cos\frac{\theta}{2} \tag{2.58}$$

$$M_2 = N_3 a_2 \cos\frac{\theta}{2} \qquad (2.59)$$

$$T_1 = N_2 a_1 \qquad (2.60)$$

$$T_2 = N_2 a_2 \qquad (2.61)$$

式中，θ 为经向和纬向纤维束之间的夹角，由于经向和纬向纤维束相互垂直，因此夹角为 90°。

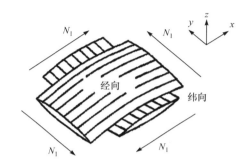

图 2.11　承受外剪切载荷的代表性体积单元

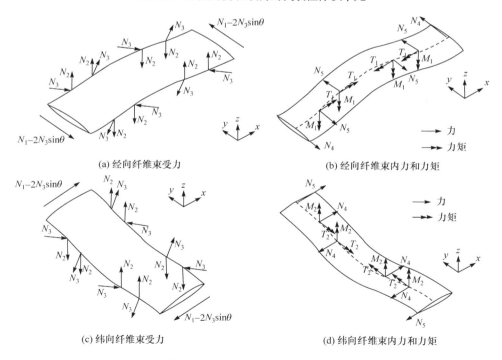

(a) 经向纤维束受力

(b) 经向纤维束内力和力矩

(c) 纬向纤维束受力

(d) 纬向纤维束内力和力矩

图 2.12　经向和纬向纤维束受力

经向纤维束的弯矩和扭矩可以表示为

$$M_{z1}(x)=\begin{cases} -(N_1-N_3)X_{21}, & 0\leqslant x<(a_2+g_2)/2 \\ -(N_1-N_3)X_{21}+2N_2X_{51}-2N_3X_{61}, & (a_2+g_2)/2\leqslant x<(a_2+3g_2)/2 \\ -(N_1-N_3)X_{21}+4N_2X_{51}-2N_3X_{81}, & (a_2+3g_2)/2\leqslant x<L_1/2 \end{cases}$$

$$(2.62)$$

$$T_1(x)=\begin{cases} (N_1-N_3)X_{11}, & 0\leqslant x<(a_2+g_2)/2 \\ (N_1-N_3)X_{11}-2N_2X_{31}+2N_3X_{41}, & (a_2+g_2)/2\leqslant x<(a_2+3g_2)/2 \\ (N_1-N_3)X_{11}-4N_2X_{31}+2N_3X_{71}, & (a_2+3g_2)/2\leqslant x<L_1/2 \end{cases}$$

$$(2.63)$$

同理，纬向纤维束的弯矩和扭矩为

$$M_{z2}(x)=\begin{cases} -(N_1-N_3)X_{22}, & 0\leqslant x<(a_1+g_1)/2 \\ -(N_1-N_3)X_{22}+2N_2X_{52}-2N_3X_{62}, & (a_1+g_1)/2\leqslant x<(a_1+3g_1)/2 \\ -(N_1-N_3)X_{22}+4N_2X_{52}-2N_3X_{82}, & (a_1+3g_1)/2\leqslant x<L_2/2 \end{cases}$$

$$(2.64)$$

$$T_2(x)=\begin{cases} (N_1-N_3)X_{12}, & 0\leqslant x<(a_1+g_1)/2 \\ (N_1-N_3)X_{12}-2N_2X_{32}+2N_3X_{42}, & (a_1+g_1)/2\leqslant x<(a_1+3g_1)/2 \\ (N_1-N_3)X_{12}-4N_2X_{32}+2N_3X_{72}, & (a_1+3g_1)/2\leqslant x<L_2/2 \end{cases}$$

$$(2.65)$$

式中，$X_{11}\sim X_{81}$ 为中间变量，具体表达式如下：

$$X_{11}=\frac{h_2}{2}\left[1-\cos\left(\frac{2\pi x}{L_1}\right)\right]\left[1-\frac{\pi^2h_2^2}{2L_1^2}\sin^2\left(\frac{2\pi x}{L_1}\right)\right]-x\frac{\pi h_2}{L_1}\sin\left(\frac{2\pi x}{L_1}\right) \qquad (2.66)$$

$$X_{21}=x\left[1-\frac{\pi^2h_2^2}{2L_1^2}\sin^2\left(\frac{2\pi x}{L_1}\right)\right]+\frac{h_2}{2}\left[1-\cos\left(\frac{2\pi x}{L_1}\right)\right]\frac{\pi h_2}{L_1}\sin\left(\frac{2\pi x}{L_1}\right) \qquad (2.67)$$

$$X_{31}=\frac{a_1}{2}\left[1-\frac{\pi^2h_2^2}{2L_1^2}\sin^2\left(\frac{2\pi x}{L_1}\right)\right] \qquad (2.68)$$

$$X_{41}=\frac{h_2}{4}\left[\cos\left[\frac{\pi(a_2+g_2)}{L_1}\right]-\cos\left(\frac{2\pi x}{L_1}\right)\right]\left[1-\frac{\pi^2h_2^2}{2L_1^2}\sin^2\left(\frac{2\pi x}{L_1}\right)\right]+\left[\frac{a_1}{4}-\frac{1}{2}\left(x-\frac{a_2+g_2}{2}\right)\right]$$

$$\times\frac{\pi h_2}{L_1}\sin\left(\frac{2\pi x}{L_1}\right) \qquad (2.69)$$

$$X_{51}=\frac{a_1}{2}\frac{\pi h_2}{L_1}\sin\left(\frac{2\pi x}{L_1}\right) \qquad (2.70)$$

$$X_{61} = \frac{h_2}{4}\left\{\cos\left[\frac{\pi(a_2+g_2)}{L_1}\right]-\cos\left(\frac{2\pi x}{L_1}\right)\right\}\frac{\pi h_2}{L_1}\sin\left(\frac{2\pi x}{L_1}\right)-\left[\frac{a_1}{4}-\frac{1}{2}\left(x-\frac{a_2+g_2}{2}\right)\right]$$

$$\times\left[1-\frac{\pi^2 h_2^2}{2L_1^2}\sin^2\left(\frac{2\pi x}{L_1}\right)\right] \tag{2.71}$$

$$X_{71} = \frac{h_2}{4}\left\{\cos\left[\frac{\pi(a_2+g_2)}{L_1}\right]-\cos\left[\frac{\pi(a_2+3g_2)}{L_1}\right]\right\}\left[1-\frac{\pi^2 h_2^2}{2L_1^2}\sin^2\left(\frac{2\pi x}{L_1}\right)\right]+\frac{a_2-g_2}{2}$$

$$\times\frac{\pi h_2}{L_1}\sin\left(\frac{2\pi x}{L_1}\right) \tag{2.72}$$

$$X_{81} = \frac{h_2}{4}\left\{\cos\left[\frac{\pi(a_2+g_2)}{L_1}\right]-\cos\left[\frac{\pi(a_2+3g_2)}{L_1}\right]\right\}\frac{\pi h_2}{L_1}\sin\left(\frac{2\pi x}{L_1}\right)-\frac{a_2-g_2}{2}$$

$$\times\left[1-\frac{\pi^2 h_2^2}{2L_1^2}\sin^2\left(\frac{2\pi x}{L_1}\right)\right] \tag{2.73}$$

由于经向纤维束结构和受载的对称性，经向纤维束在代表性体积单元中的余应变能可以表示为

$$U_1^* = \frac{1}{G_{12}I_{p1}}\int_0^{L_1/2}T_1^2(x)\mathrm{d}l+\frac{1}{E_1 I_{z1}}\int_0^{L_1/2}M_{z1}^2(x)\mathrm{d}l \tag{2.74}$$

式中

$$\frac{1}{G_{12}I_{p1}}\int_0^{L_1/2}T_1^2(x)\mathrm{d}l = \frac{1}{G_{12}I_{p1}}\int_0^{(a_2+g_2)/2}(N_1-N_3)^2 X_{11}^2\sqrt{1+\frac{h_2^2\pi^2}{L_1^2}\sin^2\left(\frac{2\pi x}{L_1}\right)}\mathrm{d}x$$

$$+\frac{1}{G_{12}I_{p1}}\int_{(a_2+g_2)/2}^{(a_2+3g_2)/2}\left[(N_1-N_3)X_{11}-2N_2 X_{31}+2N_3 X_{41}\right]^2\sqrt{1+\frac{h_2^2\pi^2}{L_1^2}\sin^2\left(\frac{2\pi x}{L_1}\right)}\mathrm{d}x$$

$$+\frac{1}{G_{12}I_{p1}}\int_{(a_2+3g_2)/2}^{L_1/2}\left[(N_1-N_3)X_{11}-2N_2 X_{31}+2N_3 X_{71}\right]^2\sqrt{1+\frac{h_2^2\pi^2}{L_1^2}\sin^2\left(\frac{2\pi x}{L_1}\right)}\mathrm{d}x$$

$$\tag{2.75}$$

$$\frac{1}{E_1 I_{z1}}\int_0^{L_1/2}M_{z1}^2(x)\mathrm{d}l = \frac{1}{E_1 I_{z1}}\int_0^{(a_2+g_2)/2}(N_1-N_3)^2 X_{21}^2\sqrt{1+\frac{h_2^2\pi^2}{L_1^2}\sin^2\left(\frac{2\pi x}{L_1}\right)}\mathrm{d}x$$

$$+\frac{1}{E_1 I_{z1}}\int_{(a_2+g_2)/2}^{(a_2+3g_2)/2}\left[-(N_1-N_3)X_{21}+2N_2 X_{51}-2N_3 X_{61}\right]^2\sqrt{1+\frac{h_2^2\pi^2}{L_1^2}\sin^2\left(\frac{2\pi x}{L_1}\right)}\mathrm{d}x$$

$$+\frac{1}{E_1 I_{z1}}\int_{(a_2+3g_2)/2}^{L_1/2}\left[-(N_1-N_3)X_{21}+2N_2X_{51}-2N_3X_{81}\right]^2\sqrt{1+\frac{h_2^2\pi^2}{L_1^2}\sin^2\left(\frac{2\pi x}{L_1}\right)}\mathrm{d}x$$

$$(2.76)$$

式中，I_p 和 I_z 分别为纤维束的极惯性矩和惯性矩；E_1 和 G_{12} 分别为经向纤维束的弹性模量和剪切模量。

利用混合定律，E_1 和 G_{12} 可分别表示为

$$E_1=E_f V_{f1}+E_m(1-V_{f1}) \tag{2.77}$$

$$G_{12}=G_f V_{f1}+G_m(1-V_{f1}) \tag{2.78}$$

令 $X_{01}=\sqrt{1+\frac{h_2^2\pi^2}{L_1^2}\sin^2\left(\frac{2\pi x}{L_1}\right)}$，则式(2.74)变为

$$U_1^*=(N_1-N_3)^2 J_{11}+4N_2^2 J_{21}+4N_3^2 J_{31}+4(N_1-N_3)N_2 J_{41}+4(N_1-N_3)N_3 J_{51}$$

$$+8N_2 N_3 J_{61} \tag{2.79}$$

式中，J_{11} 至 X_{61} 为中间变量，具体表达式如下：

$$J_{11}=\frac{1}{G_{12}I_{p1}}\int_0^{L_1/2}X_{11}^2 X_{01}\mathrm{d}x+\frac{1}{E_1 I_{z1}}\int_0^{L_1/2}X_{21}^2 X_{01}\mathrm{d}x \tag{2.80}$$

$$J_{21}=\frac{1}{G_{12}I_{p1}}\left(\int_{(a_2+g_2)/2}^{(a_2+3g_2)/2}X_{31}^2 X_{01}\mathrm{d}x+4\int_{(a_2+3g_2)/2}^{L_1/2}X_{31}^2 X_{01}\mathrm{d}x\right)$$

$$+\frac{1}{E_1 I_{z1}}\left(\int_{(a_2+g_2)/2}^{(a_2+3g_2)/2}X_{51}^2 X_{01}\mathrm{d}x+4\int_{(a_2+3g_2)/2}^{L_1/2}X_{51}^2 X_{01}\mathrm{d}x\right) \tag{2.81}$$

$$J_{31}=\frac{1}{G_{12}I_{p1}}\left(\int_{(a_2+g_2)/2}^{(a_2+3g_2)/2}X_{41}^2 X_{01}\mathrm{d}x+\int_{(a_2+3g_2)/2}^{L_1/2}X_{71}^2 X_{01}\mathrm{d}x\right)$$

$$+\frac{1}{E_1 I_{z1}}\left(\int_{(a_2+g_2)/2}^{(a_2+3g_2)/2}X_{61}^2 X_{01}\mathrm{d}x+\int_{(a_2+3g_2)/2}^{L_1/2}X_{81}^2 X_{01}\mathrm{d}x\right) \tag{2.82}$$

$$J_{41}=-\frac{1}{G_{12}I_{p1}}\left(\int_{(a_2+g_2)/2}^{(a_2+3g_2)/2}X_{11}X_{31} X_{01}\mathrm{d}x+2\int_{(a_2+3g_2)/2}^{L_1/2}X_{11}X_{31} X_{01}\mathrm{d}x\right)$$

$$-\frac{1}{E_1 I_{z1}}\left(\int_{(a_2+g_2)/2}^{(a_2+3g_2)/2}X_{21}X_{51} X_{01}\mathrm{d}x+2\int_{(a_2+3g_2)/2}^{L_1/2}X_{21}X_{51} X_{01}\mathrm{d}x\right) \tag{2.83}$$

$$J_{51}=\frac{1}{G_{12}I_{p1}}\left(\int_{(a_2+g_2)/2}^{(a_2+3g_2)/2}X_{11}X_{41} X_{01}\mathrm{d}x+\int_{(a_2+3g_2)/2}^{L_1/2}X_{11}X_{71} X_{01}\mathrm{d}x\right)$$

$$+\frac{1}{E_1 I_{z1}}\left(\int_{(a_2+g_2)/2}^{(a_2+3g_2)/2}X_{21}X_{61} X_{01}\mathrm{d}x+\int_{(a_2+3g_2)/2}^{L_1/2}X_{21}X_{81} X_{01}\mathrm{d}x\right) \tag{2.84}$$

$$J_{61} = -\frac{1}{G_{12}I_{p1}}\left(\int_{(a_2+g_2)/2}^{(a_2+3g_2)/2} X_{31}X_{41}X_{01}\mathrm{d}x + 2\int_{(a_2+3g_2)/2}^{L_1/2} X_{31}X_{71}X_{01}\mathrm{d}x\right)$$
$$-\frac{1}{E_1I_{z1}}\left(\int_{(a_2+g_2)/2}^{(a_2+3g_2)/2} X_{51}X_{61}X_{01}\mathrm{d}x + 2\int_{(a_2+3g_2)/2}^{L_1/2} X_{51}X_{81}X_{01}\mathrm{d}x\right) \tag{2.85}$$

代表性体积单元中纤维束的总余应变能可以表示为

$$\Pi^* = U_1^* + U_2^* = (N_1 - N_3)^2 J_1 + 4N_2^2 J_2 + 4N_3^2 J_3 + 4(N_1 - N_3)N_2 J_4$$
$$+ 4(N_1 - N_3)N_3 J_5 + 8N_2 N_3 J_6 \tag{2.86}$$

式中

$$J_k = J_{k1} + J_{k2}, \quad k = 1, 2, \cdots, 6 \tag{2.87}$$

根据最小余能原理, 可得

$$\frac{\partial \Pi^*}{\partial N_2} = 8N_2 J_2 + 4(N_1 - N_3)J_4 + 8N_3 J_6 = 0 \tag{2.88}$$

$$\frac{\partial \Pi^*}{\partial N_4} = -2(N_1 - N_3)J_1 + 8N_3 J_3 - 4N_2 J_4 + 4N_1 J_5 - 8N_3 J_5 + 8N_2 J_6 = 0 \tag{2.89}$$

联立式(2.88)和式(2.89), 可以求解 N_2 和 N_3, 即

$$N_2 = \frac{-J_4 - (2J_6 - J_4)}{2J_2} \cdot \frac{-2J_5 + J_1 + J_4(2J_6 - J_4)/J_2}{J_1 + 4J_3 - 4J_5 - (2J_6 - J_4)^2/J_2} N_1 \tag{2.90}$$

$$N_3 = \frac{-2J_5 + J_1 + J_4(2J_6 - J_4)/J_2}{J_1 + 4J_3 - 4J_5 - (2J_6 - J_4)^2/J_2} N_1 \tag{2.91}$$

利用势能原理, 代表性体积单元经向和纬向相对变形量 Δ_1 和 Δ_2 可以表示为

$$\Delta_1 = \frac{\partial U_1^*}{\partial(N_1 - N_3)} = \frac{1}{G_{12}I_{p1}}\int_0^{L_1/2} T_1(x)\frac{\partial T_1(x)}{\partial(N_1 - N_3)}\mathrm{d}l + \frac{1}{E_1I_{z1}}\int_0^{L_1/2} M_{z1}(x)\frac{\partial M_{z1}(x)}{\partial(N_1 - N_3)}\mathrm{d}l$$
$$= (2J_{11} + 4D_2 J_{41} + 4D_3 J_{51})(N_1 - N_3) \tag{2.92}$$

$$\Delta_2 = \frac{\partial U_2^*}{\partial(N_1 - N_3)} = \frac{1}{G_{12}I_{p2}}\int_0^{L_2/2} T_2(x)\frac{\partial T_2(x)}{\partial(N_1 - N_3)}\mathrm{d}l + \frac{1}{E_1I_{z2}}\int_0^{L_2/2} M_{z2}(x)\frac{\partial M_{z2}(x)}{\partial(N_1 - N_3)}\mathrm{d}l$$
$$= (2J_{12} + 4D_2 J_{42} + 4D_3 J_{52})(N_1 - N_3) \tag{2.93}$$

式中, D_2 和 D_3 为中间变量:

$$D_3 = \frac{-2J_5 + J_1 + J_4(2J_6 - J_4)/J_2}{J_1 + 4J_3 - 4J_5 - (2J_6 - J_4)^2/J_2} \tag{2.94}$$

$$D_2 = \frac{-J_4 - (2J_6 - J_4)D_3}{2J_2} \tag{2.95}$$

在剪切外载荷 N_1 作用下的剪切应变可以表示为

$$\gamma = \frac{\Delta_1}{L_1} + \frac{\Delta_2}{L_2} = \left(\frac{2J_{11} + 4D_2 J_{41} + 4D_3 J_{51}}{L_1} + \frac{2J_{12} + 4D_2 J_{42} + 4D_3 J_{52}}{L_2} \right) \cdot (N_1 - N_3) \tag{2.96}$$

因此，代表性体积单元纤维束编织结构的面内剪切模量可以表示为

$$\begin{aligned} G_t &= \frac{(N_1 - N_3)/A}{\gamma} \\ &= \frac{L_1 L_2}{A} \Big[(2J_{11} + 4D_2 J_{41} + 4D_3 J_{51})L_2 + (2J_{12} + 4D_2 J_{42} + 4D_3 J_{52})L_1 \Big]^{-1} \end{aligned} \tag{2.97}$$

再利用并联混合定律，由 G_t 和 G_m，可得双向正交平面编织复合材料面内剪切模量 G_c：

$$G_c = G_t V_{f2} + G_m (1 - V_{f2}) \tag{2.98}$$

经向和纬向纤维束搭接界面处的最大剪切应力可以表示为[14]

$$\tau_{max} = \frac{T}{\alpha a_1 a_2^2}, \quad a_1 \geqslant a_2 \tag{2.99}$$

$$\tau_{max} = \frac{T}{\alpha a_2 a_1^2}, \quad a_1 < a_2 \tag{2.100}$$

式中，α 为抗扭截面系数；T 为经向和纬向纤维束搭接界面处由剪应力产生的合扭矩，可表示为

$$T = \sqrt{2}(a_1 + a_2)N_3 = \sqrt{2}(a_1 + a_2)\frac{-2J_5 + J_1 + J_4(2J_6 - J_4)/J_2}{J_1 + 4J_3 - 4J_5 - (2J_6 - J_4)^2/J_2} N_1 \tag{2.101}$$

经向和纬向纤维束搭接界面为矩形，其抗扭截面系数可以表示为[14]

$$\alpha = 0.3401 - 0.2923(a_1/a_2)^{-1} + 0.2570(a_1/a_2)^{-2} - 0.0968(a_1/a_2)^{-3}, \quad a_1 \geqslant a_2 \tag{2.102}$$

$$\alpha = 0.3401 - 0.2923(a_2/a_1)^{-1} + 0.2570(a_2/a_1)^{-2} - 0.0968(a_2/a_1)^{-3}, \quad a_1 < a_2 \tag{2.103}$$

将式(2.101)～式(2.103)代入式(2.99)和式(2.100)，可得最大剪切外载荷：

$$N_1 = \frac{\tau_{max} \alpha a_1 a_2^2}{\sqrt{2}(a_1 + a_2)} \left[\frac{-2J_5 + J_1 + J_4(2J_6 - J_4)/J_2}{J_1 + 4J_3 - 4J_5 - (2J_6 - J_4)^2/J_2} \right]^{-1}, \quad a_1 \geqslant a_2 \tag{2.104}$$

$$N_1 = \frac{\tau_{\max}\alpha a_2 a_1^2}{\sqrt{2}(a_1+a_2)}\left(\frac{-2J_5+J_1+J_4(2J_6-J_4)/J_2}{J_1+4J_3-4J_5-(2J_6-J_4)^2/J_2}\right)^{-1}, \quad a_1 \leqslant a_2 \quad (2.105)$$

经向和纬向纤维束编织结构的面内剪切强度 S_y 可以表示为

$$S_y = \frac{\sqrt{2}\tau_{\max}\alpha a_1 a_2}{L_1(a_1+a_2)}\left(\frac{-2J_5+J_1+J_4(2J_6-J_4)/J_2}{J_1+4J_3-4J_5-(2J_6-J_4)^2/J_2}\right)^{-1}, \quad a_1 \geqslant a_2 \quad (2.106)$$

$$S_y = \frac{\sqrt{2}\tau_{\max}\alpha a_1 a_2}{L_2(a_1+a_2)}\left(\frac{-2J_5+J_1+J_4(2J_6-J_4)/J_2}{J_1+4J_3-4J_5-(2J_6-J_4)^2/J_2}\right)^{-1}, \quad a_1 \leqslant a_2 \quad (2.107)$$

再利用并联混合定律，可得双向正交平面编织复合材料面内剪切强度：

$$S_t = \frac{G_t V_y + G_m(1-V_y)}{G_t V_y}S_y \quad (2.108)$$

共有 3 组试验数据用于验证上述双向正交平面编织复合材料面内剪切性能解析模型，其中，2 组数据来自文献[15]，10 组数据由试验测定，双向正交平面编织复合材料的组分材料力学性能和几何参数如表 2.4 所示。根据 ASTM 拉伸试验标准 D3039M-2000(R06)，试验测定了 EW220/5284 双向正交平面编织复合材料的面内剪切模量，每个方向有 5 个试验件，试验件几何形状如图 2.13 所示，EW220/5284 双向正交平面编织复合材料由 EW220 玻璃纤维织物和 5284 环氧树脂通过 RTM 工艺制备而成，试验结果如表 2.5 所示。

用于验证本书提出的双向正交平面编织复合材料拉伸性能解析模型的 3 组试验数据如表 2.6 所示，分别采用文献[15]、[16]的模型和本书模型预测了 3 种材料的面内剪切模量(表 2.6)，由表 2.6 可知，本书模型与 3 种材料的试验结果吻合良好，具有更高的预测精度，验证了本书模型的有效性。事实上，虽然文献[15]、[16]也采用了曲梁模型，但是文献[15]忽略了因纤维束扭转导致的经向和纬向纤维束的面外作用力，而文献[16]将纤维束扭转导致的经向和纬向纤维束的面外和面内作用力简化为中点处的集中力；而本书模型克服了以上两种模型中的不足，同时，采用比较精确的正弦形函数描述形状波动，这就是本书模型预测精度更高的主要原因。

表 2.4　双向正交平面编织复合材料的组分材料力学性能和几何参数

几何参数	PW(1K)[15]		PW(3K)[15]		EW220/5284	
	经向	纬向	经向	纬向	经向	纬向
$I_p/10^{-5}\,\text{mm}^4$	224	224	414	414	681.0	904.0
$I_z/10^{-5}\,\text{mm}^4$	112	112	207	207	4.09	3.19
a/mm	1.20	1.16	1.51	1.46	1.02	1.17

续表

几何参数	PW(1K) [15]		PW(3K) [15]		EW220/5284	
	经向	纬向	经向	纬向	经向	纬向
h / mm	0.08	0.08	0.11	0.11	0.104	0.094
b / mm	0.08	0.08	0.11	0.11	0.08	0.07
g / mm	0.41	0.40	0.61	0.70	0.04	0.15
L / mm	3.15	3.04	4.26	4.32	2.93	2.20
d / mm	0.16		0.22		0.17	
A / mm^2	0.118		0.16		0.087	
V_f /%	-		-		0.55	
V_{f1} /%	-		-		0.7	
V_{f2} /%	-		-		0.78	
E_1 / GPa	210		220		65.1	
E_2 / GPa	-		-		22.9	
E_{12} / GPa	5.5		5.5		8.4	
μ_{12}	0.34		0.34		0.24	
E_m / GPa	-		-		3.2	
G_m / GPa	-		-		1.1	
μ_m	-		-		0.42	

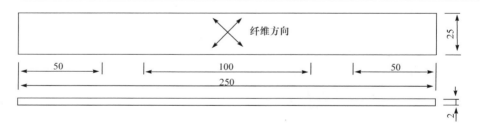

图 2.13　剪切试验件(单位：mm)

表 2.5　EW220/5284 双向正交平面编织复合材料剪切模量和剪切强度

	剪切模量/ GPa	剪切强度/ GPa
试验件 1	6.46	110.91
试验件 2	6.43	110.53
试验件 3	6.19	110.97

续表

	剪切模量/ GPa	剪切强度/ GPa
试验件 4	6.58	111.42
试验件 5	6.58	111.63
均值	6.45	111.09

表 2.6　双向正交平面编织复合材料剪切模量预测值与试验结果对比

材料类型	试验值/GPa	本书模型		文献[15]理论模型		文献[16]理论模型	
		预测值/GPa	相对偏差/ %	预测值/GPa	相对偏差/ %	预测值/GPa	相对偏差/ %
EW220/5284	6.45	6.81	5.58	-	-	-	-
PW(1K)	2.5[15]	2.04	22.5	3.6	30.6	3.4	26.5
PW(3K)	1.4[15]	1.18	18.6	1.9	26.3	1.8	22.2

2.3　双向正交平面编织复合材料残余热应力解析解

以往，国内外主要通过破坏性试验方法(打孔法、切面法、首层失效法等)[17]或非破坏性试验方法(曲率测量法、X-射线法、植入光栅法等)[18-20]测量复合材料残余应力，还采用经典层合板理论预测单层或宏观水平的残余热应力[21-24]，但未见细观尺度下的平面正交编织复合材料的残余热应力解析模型。

同样地，根据图 2.2 可得余弦函数表示的经向和纬向纤维束的中性轴波动形状表达式：

$$z_3(y) = \frac{b_2}{2}\cos\frac{\pi y}{a_1} \tag{2.109}$$

$$z_4(x) = \frac{b_1}{2}\cos\frac{\pi x}{a_2} \tag{2.110}$$

经向和纬向纤维束的横截面积可以分别表示为

$$A_1 = 4\int_0^{a_1/2} z_3(y)\,\mathrm{d}y = 4\int_0^{a_1/2}\frac{b_1}{2}\cos\frac{\pi y}{a_1}\,\mathrm{d}y = \frac{2a_1 b_1}{\pi} \tag{2.111}$$

$$A_2 = 4\int_0^{a_2/2} z_4(y)\,\mathrm{d}y = 4\int_0^{a_2/2}\frac{b_2}{2}\cos\frac{\pi y}{a_2}\,\mathrm{d}y = \frac{2a_2 b_2}{\pi} \tag{2.112}$$

由图 2.2，还可以得到经向和纬向纤维束的体积分数 V_1 和 V_2 表达式：

$$V_1 = 2\int_0^{L_1/2} A_1\sqrt{1+\left[z_1'(x)\right]^2}\,\mathrm{d}x = \frac{2a_1 b_2 h_2}{\pi L_1}\int_0^{L_1/2}\left\{\sqrt{L_1^2 + \pi^2 h_2^2\left(\cos\frac{2\pi x}{L_1}\right)^2}\right\}\mathrm{d}x \tag{2.113}$$

$$V_2 = 2\int_0^{L_2/2} A_2\sqrt{1+\left[z_2'(x)\right]^2}\,\mathrm{d}x = \frac{2a_2b_1h_1}{\pi L_2}\int_0^{L_2/2}\left\{\sqrt{L_2^2 + \pi^2 h_1^2\left(\cos\frac{2\pi x}{L_2}\right)^2}\right\}\mathrm{d}x \quad (2.114)$$

由此得到基体的体积分数表达式为

$$V_{m1} = 1 - \frac{V_1+V_2}{V} = 1 - \frac{V_1+V_2}{L_1L_2H} = 1 - \frac{V_1+V_2}{L_1L_2(b_1+b_2)} \quad (2.115)$$

根据冷却固化过程中组分材料(即基体和纤维)的收缩变形与受力状况，对代表性体积单元进行简化，简化的代表性体积单元模型如图 2.14 所示，在简化的代表性体积单元中纤维束和基体的残余热应力如图 2.15 所示。由图 2.14 可知，代表性体积单元中有 3 个变量，即长度($L_1/2$ 和 g_2)、高度(H_1 和 H_2)和宽度($L_2/2$ 和 $\overline{g}_1$)，其中，$H_1 = H_2 = H$，$\overline{g}_1$ 和 $\overline{g}_2$ 为代表性体积单元中心树脂区域的长度和宽度。根据图 2.14，可得简化的代表性体积单元的基体体积分数：

$$V_m = \frac{4\overline{g}_1\overline{g}_2}{L_1L_2} \quad (2.116)$$

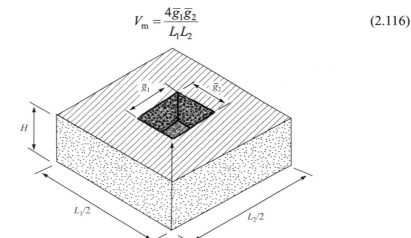

图 2.14　简化的代表性体积单元

根据基体体积分数的等效性原则，有

$$4\overline{g}_1\overline{g}_2 H = L_1L_2H - V_1 - V_2 \quad (2.117)$$

根据几何相似性，可得

$$\frac{\overline{g}_1}{\overline{g}_2} = \frac{L_2}{L_1} \quad (2.118)$$

将式(2.118)代入式(2.117)中，得

$$\overline{g}_1 = \frac{1}{2HL_1}\sqrt{L_1L_2H\left(L_1L_2H - V_1 - V_2\right)} \quad (2.119)$$

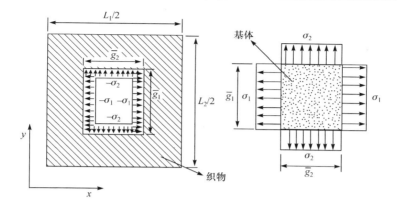

图 2.15 在简化的代表性体积单元中纤维束和基体的残余热应力

$$\overline{g}_2 = \frac{1}{2HL_2}\sqrt{L_1 L_2 H\left(L_1 L_2 H - V_1 - V_2\right)} \tag{2.120}$$

于是，基体和纤维束的固化收缩的应变可以表示为

$$\begin{cases} \varepsilon_{m1}^{T} = \alpha_m \Delta T \\ \varepsilon_{m2}^{T} = \alpha_m \Delta T \end{cases} \tag{2.121}$$

$$\begin{cases} \varepsilon_{f1}^{T} = \alpha_f \Delta T \\ \varepsilon_{f2}^{T} = \alpha_f \Delta T \end{cases} \tag{2.122}$$

由式(2.121)和式(2.122)可知，纤维束编织结构热膨胀系数 α_f 和基体热膨胀系数 α_m 不匹配会产生残余热应力。在平面应力条件下，由拉伸残余热应力 σ_1 和 σ_2 (图 2.15)导致基体在经向和纬向的应变可以表示为

$$\begin{cases} \varepsilon_{m1}^{s} = \dfrac{1}{E_m}\left(\sigma_1 - \mu_m \sigma_2\right) \\ \varepsilon_{m2}^{s} = \dfrac{1}{E_m}\left(\sigma_2 - \mu_m \sigma_1\right) \end{cases} \tag{2.123}$$

由式(2.121)~式(2.123)，可得基体在经向和纬向的总应变为

$$\begin{cases} \varepsilon_{m1} = \dfrac{1}{E_m}\left(\sigma_1 - \mu_m \sigma_2\right) \mp \alpha_m \Delta T \\ \varepsilon_{m2} = \dfrac{1}{E_m}\left(\sigma_2 - \mu_m \sigma_1\right) \mp \alpha_m \Delta T \end{cases} \tag{2.124}$$

式中，正负号分别表示向外和向内的滑移方向。

基体在经向和纬向的总变形量为

$$\begin{cases} u_{m1} = \dfrac{\overline{g}_2}{E_m}(\sigma_1 - \mu_m \sigma_2) \pm \overline{g}_2 \alpha_m \Delta T \\ u_{m2} = \dfrac{\overline{g}_1}{E_m}(\sigma_2 - \mu_m \sigma_1) \pm \overline{g}_1 \alpha_m \Delta T \end{cases} \tag{2.125}$$

同理,由式(2.122),可以得到双向正交平面编织复合材料的几何尺寸收缩量,即中性轴长度和宽度以及壁厚在经向和纬向的收缩量分别可以表示为

$$\Delta L_1^T = \frac{1}{4}\left(L_1 + 2\overline{g}_2\right)\alpha_f \Delta T \tag{2.126}$$

$$\Delta L_2^T = \frac{1}{4}\left(L_2 + 2\overline{g}_1\right)\alpha_f \Delta T \tag{2.127}$$

$$\Delta t_1^T = \frac{1}{4}\left(L_1 - 2\overline{g}_2\right)\alpha_f \Delta T \tag{2.128}$$

$$\Delta t_2^T = \frac{1}{4}\left(L_2 - 2\overline{g}_1\right)\alpha_f \Delta T \tag{2.129}$$

将双向正交平面编织复合材料的编织布简化为由 4 根拉压杆组成的矩形桁架结构,成对的拉压杆相互平行,中性轴长度分别为 $\left(L_1 + 2\overline{g}_2\right)/4$ 和 $\left(L_2 + 2\overline{g}_1\right)/4$,因此,双向正交平面编织复合材料的编织布在经向和纬向的收缩量分别为

$$\Delta L_1^s = -\frac{\sigma_1 \overline{g}_1 \left(L_1 + 2\overline{g}_2\right)}{E_f \left(L_2 - 2\overline{g}_1\right)} \tag{2.130}$$

$$\Delta L_2^s = -\frac{\sigma_2 \overline{g}_2 \left(L_2 + 2\overline{g}_1\right)}{2E_f \left(L_1 - 2\overline{g}_2\right)} \tag{2.131}$$

由式(2.126)~式(2.131),可得双向正交平面编织复合材料的编织布在经向和纬向的总收缩量:

$$u_{f1} = -\frac{\sigma_1 \overline{g}_1 \left(L_1 + 2\overline{g}_2\right)}{E_f \left(L_2 - 2\overline{g}_1\right)} \mp \frac{1}{4}\left(L_1 + 2\overline{g}_2\right)\alpha_f \Delta T \pm \frac{1}{4}\left(L_1 - 2\overline{g}_2\right)\alpha_f \Delta T \tag{2.132}$$

$$u_{f2} = -\frac{\sigma_2 \overline{g}_2 \left(L_2 + 2\overline{g}_1\right)}{E_f \left(L_1 - 2\overline{g}_2\right)} \mp \frac{1}{4}\left(L_2 + 2\overline{g}_1\right)\alpha_f \Delta T \pm \frac{1}{4}\left(L_2 - 2\overline{g}_1\right)\alpha_f \Delta T \tag{2.133}$$

式中,正负号分别表示向外和向内的滑移方向。

根据基体与纤维束编织布之间的变形连续性条件,可得

$$\begin{cases} u_{m1} = u_{f1} \\ u_{m2} = u_{f2} \end{cases} \tag{2.134}$$

将式(2.125)、式(2.132)和式(2.133)代入式(2.134),可得

$$\frac{\overline{g}_2}{E_{\mathrm{m}}}(\sigma_1 - \mu_{\mathrm{m}}\sigma_2) - \overline{g}_2\alpha_{\mathrm{m}}\Delta T = -\frac{\sigma_1\overline{g}_1(L_1 + 2\overline{g}_2)}{E_{\mathrm{f}}(L_2 - 2\overline{g}_1)} - \frac{1}{4}(L_1 + 2\overline{g}_2)\alpha_{\mathrm{f}}\Delta T + \frac{1}{4}(L_1 - 2\overline{g}_2)\alpha_{\mathrm{f}}\Delta T$$

$$(2.135)$$

$$\frac{\overline{g}_1}{E_{\mathrm{m}}}(\sigma_2 - \mu_{\mathrm{m}}\sigma_1) - \overline{g}_1\alpha_{\mathrm{m}}\Delta T = -\frac{\sigma_2\overline{g}_2(L_2 + 2\overline{g}_1)}{E_{\mathrm{f}}(L_1 - 2\overline{g}_2)} - \frac{1}{4}(L_2 + 2\overline{g}_1)\alpha_{\mathrm{f}}\Delta T + \frac{1}{4}(L_2 - 2\overline{g}_1)\alpha_{\mathrm{f}}\Delta T$$

$$(2.136)$$

通过求解式(2.135)和(2.136)，可以求得纤维束编织布残余热应力 σ_1 和 σ_2：

$$\sigma_1 = \frac{E_{\mathrm{f}}\overline{g}_2(L_2 - 2\overline{g}_1)\left[E_{\mathrm{m}}E_{\mathrm{f}}\overline{g}_1(1 + \mu_{\mathrm{m}})(L_1 - 2\overline{g}_2) + E_{\mathrm{m}}^2\overline{g}_2(L_2 + 2\overline{g}_1)\right](\alpha_{\mathrm{m}} - \alpha_{\mathrm{f}})\Delta T}{\left[E_{\mathrm{f}}\overline{g}_2(L_2 - 2\overline{g}_1) + E_{\mathrm{m}}\overline{g}_1(L_1 + 2\overline{g}_2)\right]\left[E_{\mathrm{f}}\overline{g}_1(L_1 - 2\overline{g}_2) + E_{\mathrm{m}}\overline{g}_2(L_2 + 2\overline{g}_1)\right] - \mu_{\mathrm{m}}^2E_{\mathrm{f}}^2\overline{g}_1\overline{g}_2(L_1 - 2\overline{g}_2)(L_2 - 2\overline{g}_1)}$$

$$(2.137)$$

$$\sigma_2 = \frac{E_{\mathrm{f}}\overline{g}_1(L_1 - 2\overline{g}_2)\left[E_{\mathrm{m}}E_{\mathrm{f}}\overline{g}_2(1 + \mu_{\mathrm{m}})(L_2 - 2\overline{g}_1) + E_{\mathrm{m}}^2\overline{g}_1(L_1 + 2\overline{g}_2)\right](\alpha_{\mathrm{m}} - \alpha_{\mathrm{f}})\Delta T}{\left[E_{\mathrm{f}}\overline{g}_1(L_1 - 2\overline{g}_2) + E_{\mathrm{m}}\overline{g}_2(L_2 + 2\overline{g}_1)\right]\left[E_{\mathrm{f}}\overline{g}_2(L_2 - 2\overline{g}_1) + E_{\mathrm{m}}\overline{g}_1(L_1 + 2\overline{g}_2)\right] - \mu_{\mathrm{m}}^2E_{\mathrm{f}}^2\overline{g}_1\overline{g}_2(L_1 - 2\overline{g}_2)(L_2 - 2\overline{g}_1)}$$

$$(2.138)$$

简化的代表性体积单元(图 2.14)在经向和纬向的固化总收缩量可以分别表示为

$$u_1 = -\frac{\sigma_1\overline{g}_1(L_1 + 2\overline{g}_2)}{E_{\mathrm{f}}(L_2 - 2\overline{g}_1)} - \frac{1}{4}(L_1 + 2\overline{g}_2)\alpha_{\mathrm{f}}\Delta T - 2\times\frac{1}{4}(L_1 - 2\overline{g}_2)\alpha_{\mathrm{f}}\Delta T \qquad (2.139)$$

$$u_2 = -\frac{\sigma_2\overline{g}_2(L_2 + 2\overline{g}_1)}{E_{\mathrm{f}}(L_1 - 2\overline{g}_2)} - \frac{1}{4}(L_2 + 2\overline{g}_1)\alpha_{\mathrm{f}}\Delta T - 2\times\frac{1}{4}(L_2 - 2\overline{g}_1)\alpha_{\mathrm{f}}\Delta T \qquad (2.140)$$

将式(2.137)和式(2.138)代入式(2.139)和式(2.140)，可得

$$u_1 = \frac{\overline{g}_1\overline{g}_2(L_1 + 2\overline{g}_2)\left[E_{\mathrm{m}}E_{\mathrm{f}}\overline{g}_1(1 + \mu_{\mathrm{m}})(L_1 - 2\overline{g}_2) + E_{\mathrm{m}}^2\overline{g}_2(L_2 + 2\overline{g}_1)\right](\alpha_{\mathrm{m}} - \alpha_{\mathrm{f}})\Delta T}{\left[E_{\mathrm{f}}\overline{g}_2(L_2 - 2\overline{g}_1) + E_{\mathrm{m}}\overline{g}_1(L_1 + 2\overline{g}_2)\right]\left[E_{\mathrm{f}}\overline{g}_1(L_1 - 2\overline{g}_2) + E_{\mathrm{m}}\overline{g}_2(L_2 + 2\overline{g}_1)\right] - \mu_{\mathrm{m}}^2E_{\mathrm{f}}^2\overline{g}_1\overline{g}_2(L_1 - 2\overline{g}_2)(L_2 - 2\overline{g}_1)}$$
$$-\frac{1}{4}(3L_1 - 2\overline{g}_2)\alpha_{\mathrm{f}}\Delta T$$

$$(2.141)$$

$$u_2 = \frac{\overline{g}_1\overline{g}_2(L_2 + 2\overline{g}_1)\left[E_{\mathrm{m}}E_{\mathrm{f}}\overline{g}_2(1 + \mu_{\mathrm{m}})(L_2 - 2\overline{g}_1) + E_{\mathrm{m}}^2\overline{g}_2(L_1 + 2\overline{g}_2)\right](\alpha_{\mathrm{m}} - \alpha_{\mathrm{f}})\Delta T}{\left[E_{\mathrm{f}}\overline{g}_1(L_1 - 2\overline{g}_2) + E_{\mathrm{m}}\overline{g}_2(L_2 + 2\overline{g}_1)\right]\left[E_{\mathrm{f}}\overline{g}_2(L_2 - 2\overline{g}_1) + E_{\mathrm{m}}\overline{g}_1(L_1 + 2\overline{g}_2)\right] - \mu_{\mathrm{m}}^2E_{\mathrm{f}}^2\overline{g}_1\overline{g}_2(L_1 - 2\overline{g}_2)(L_2 - 2\overline{g}_1)}$$
$$-\frac{1}{4}(3L_2 - 2\overline{g}_1)\alpha_{\mathrm{f}}\Delta T$$

$$(2.142)$$

根据热膨胀系数的定义，由式(2.141)和式(2.142)，可得代表性体积单元的等效热膨胀系数：

$$\alpha_1 = \frac{\varepsilon_1}{\Delta T} = \frac{2u_1}{L_1 \Delta T}$$

$$= \frac{-2\bar{g}_1\bar{g}_2\left(1+2\dfrac{\bar{g}_2}{L_1}\right)\left[E_m E_f \bar{g}_1(1+\mu_m)(L_1-2\bar{g}_2)+E_m^2\bar{g}_2(L_2+2\bar{g}_1)\right](\alpha_m-\alpha_f)}{\left[E_f\bar{g}_2(L_2-2\bar{g}_1)+E_m\bar{g}_1(L_1+2\bar{g}_2)\right]\left[E_f\bar{g}_1(L_1-2\bar{g}_2)+E_m\bar{g}_2(L_2+2\bar{g}_1)\right]-\mu_m^2 E_f^2\bar{g}_1\bar{g}_2(L_1-2\bar{g}_2)(L_2-2\bar{g}_1)}$$
$$+\left(\frac{\bar{g}_2}{L_1}-\frac{3}{2}\right)\alpha_f \tag{2.143}$$

$$\alpha_2 = \frac{\varepsilon_2}{\Delta T} = \frac{2u_2}{L_2 \Delta T}$$

$$= \frac{-2\bar{g}_1\bar{g}_2\left(1+2\dfrac{\bar{g}_1}{L_2}\right)\left[E_m E_f \bar{g}_2(1+\mu_m)(L_2-2\bar{g}_1)+E_m^2\bar{g}_1(L_1+2\bar{g}_2)\right](\alpha_m-\alpha_f)}{\left[E_f\bar{g}_1(L_1-2\bar{g}_2)+E_m\bar{g}_2(L_2+2\bar{g}_1)\right]\left[E_f\bar{g}_2(L_2-2\bar{g}_1)+E_m\bar{g}_1(L_1+2\bar{g}_2)\right]-\mu_m^2 E_f^2\bar{g}_1\bar{g}_2(L_1-2\bar{g}_2)(L_2-2\bar{g}_1)}$$
$$+\left(\frac{\bar{g}_1}{L_2}-\frac{3}{2}\right)\alpha_f \tag{2.144}$$

根据双向正交平面编织复合材料单轴拉伸弹性模量的解析模型，可得双向正交平面编织复合材料经向和纬向弹性模量：

$$E_1^* = \frac{E_1 L_1}{A_1 J_{1,13}} \tag{2.145}$$

$$E_2^* = \frac{E_2 L_2}{A_2 J_{2,21}} \tag{2.146}$$

式中，$J_{i,j}$ 为中间变量，具体见 2.1 节。

利用混合定律，可得泊松比：

$$\mu = \mu_f\left(1-\bar{V}_m\right) + \mu_m \bar{V}_m \tag{2.147}$$

由于在纯基体层和纤维束编织层之间也存在经向和纬向残余热应力 $\bar{\sigma}_1$ 和 $\bar{\sigma}_2$，利用式(2.125)，纯基体层和纤维束编织层的热本构方程可以表示为

$$\begin{cases} u_{m1} = \dfrac{L_1}{2E_m}(\bar{\sigma}_1 - \mu_m \bar{\sigma}_2) - \dfrac{L_1}{2}\alpha_m \Delta T \\[3mm] u_{m2} = \dfrac{L_2}{2E_m}(\bar{\sigma}_2 - \mu_m \bar{\sigma}_1) - \dfrac{L_2}{2}\alpha_m \Delta T \end{cases} \tag{2.148}$$

$$\begin{cases} u_1 = -\dfrac{L_1}{2E_1^*}(\bar{\sigma}_1 - \mu \bar{\sigma}_2) - \dfrac{L_1}{2}\alpha_1 \Delta T \\[3mm] u_2 = -\dfrac{L_2}{2E_2^*}(\bar{\sigma}_2 - \mu \bar{\sigma}_1) - \dfrac{L_2}{2}\alpha_2 \Delta T \end{cases} \tag{2.149}$$

利用式(2.135)和式(2.136)的方法，结合式(2.148)和式(2.149)，可得

$$\begin{cases} -\dfrac{L_1}{2E_{\mathrm{m}}}(\bar{\sigma}_1 - \mu_{\mathrm{m}}\bar{\sigma}_2) + \dfrac{L_1}{2}\alpha_{\mathrm{m}}\Delta T = \dfrac{L_1}{2E_1}(\bar{\sigma}_1 - \mu\bar{\sigma}_2) + \dfrac{L_1}{2}\alpha_1\Delta T \\[3mm] -\dfrac{L_2}{2E_{\mathrm{m}}}(\bar{\sigma}_2 - \mu_{\mathrm{m}}\bar{\sigma}_1) + \dfrac{L_2}{2}\alpha_{\mathrm{m}}\Delta T = \dfrac{L_2}{2E_2}(\bar{\sigma}_2 - \mu\bar{\sigma}_1) + \dfrac{L_2}{2}\alpha_2\Delta T \end{cases} \quad (2.150)$$

求解式(2.150)，可以得到双向正交平面编织复合材料经向和纬向的残余热应力

$$\begin{cases} \bar{\sigma}_1 = \dfrac{E_{\mathrm{m}}E_1^*\left(E_{\mathrm{m}} + E_2^*\right)(\alpha_{\mathrm{m}} - \alpha_1) + E_{\mathrm{m}}E_2^*\left(\mu E_{\mathrm{m}} + \mu_{\mathrm{m}}E_1^*\right)(\alpha_{\mathrm{m}} - \alpha_2)}{\left(1 - \mu^2\right)E_{\mathrm{m}}^2 + \left(1 - \mu\mu_{\mathrm{m}}\right)\left(E_1^* + E_2^*\right)E_{\mathrm{m}} + \left(1 - \mu_{\mathrm{m}}^2\right)E_1^*E_2^*}\Delta T \\[4mm] \bar{\sigma}_2 = \dfrac{E_{\mathrm{m}}E_2^*\left(E_{\mathrm{m}} + E_1^*\right)(\alpha_{\mathrm{m}} - \alpha_2) + E_{\mathrm{m}}E_1^*\left(\mu E_{\mathrm{m}} + \mu_{\mathrm{m}}E_2^*\right)(\alpha_{\mathrm{m}} - \alpha_1)}{\left(1 - \mu^2\right)E_{\mathrm{m}}^2 + \left(1 - \mu\mu_{\mathrm{m}}\right)\left(E_1^* + E_2^*\right)E_{\mathrm{m}} + \left(1 - \mu_{\mathrm{m}}^2\right)E_1^*E_2^*}\Delta T \end{cases} \quad (2.151)$$

为验证上述残余应力解析解，试验测定了双向正交平面编织复合材料的残余热应力，试验件几何形状和尺寸如图 2.9 所示，材料为 EW220/5284，平面编织复合材料细观结构几何参数和组分材料力学性能如表 2.7 和表 2.8 所示，EW220/5284 平面编织复合材料单层厚度和纤维体积分数分别为 0.22mm 和 55%。拉伸试验测定的经向和纬向的应力-应变曲线如图 2.16 和图 2.17 所示，由图 2.16 和图 2.17 可知，①经向和纬向的应力-应变曲线呈现出双线性特征，经向应力-应变曲线的线性段范围分别为 0.0~0.0055、0.0055~0.021，纬向应力-应变曲线的线性段范围分别为 0.0~0.0042、0.0042~0.021；②应力-应变曲线响应关系的转捩点预示在面内单轴拉伸载荷下的初始失效。为了忽略初始失效对验证理论模型的影响，分别选取经向和纬向应力-应变曲线的范围为 0.0055~0.021 和 0.0042~0.021 计算弹性模量，得到的经向和纬向拉伸性能如表 2.9 所示。

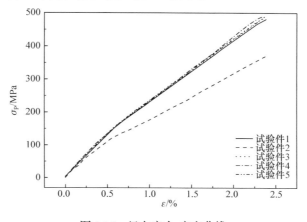

图 2.16　经向应力-应变曲线

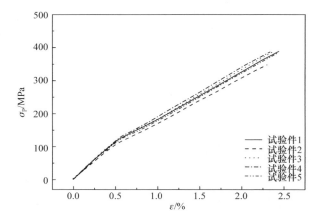

图 2.17　纬向应力-应变曲线

表 2.7　平面编织复合材料细观结构几何参数

几何参数	经向	纬向
织物密度/(束/cm)	18	14
纤维束高度 b/ mm	0.104	0.104
纤维束宽度 a/mm	0.556	0.556
纤维束波动长度 L/mm	2.857	2.222
纤维束波动高度 h/mm	0.116	0.116
纤维束横截面积 A/mm^2	0.058	0.058
惯性矩/ mm^4	2.58×10^{-5}	2.58×10^{-5}

表 2.8　玻璃纤维和树脂力学性能

力学性能	EW220 玻璃纤维	5284 树脂
杨氏模量 E/GPa	72	3.2
面内剪切模量 G/GPa	29.5	1.13
泊松比 μ	0.22	0.42
体密度 ρ / (g/cm^3)	2.5	1.2
拉伸强度/MPa	3400	70
断裂延伸率/%	3	3.4
热膨胀系数/(10^{-6} / ℃)	5.0	60

表 2.9　EW220/5284 复合材料拉伸力学性能

	经向		纬向	
	模量/ GPa	强度/ MPa	模量/ GPa	强度/ MPa
试验件 1	18.37	479.79	14.12	384.44
试验件 2	13.23	360.47	13.62	345.23
试验件 3	18.52	486.11	14.70	387.64
试验件 4	19.24	488.69	14.93	384.67
试验件 5	18.65	483.98	14.26	408.73
均值	17.60	459.81	14.33	382.14

当没有残余热应力时，根据胡克定律，可知应力-应变关系为

$$\sigma_P = E\varepsilon_P \tag{2.152}$$

或者

$$\varepsilon_P = \frac{\sigma_P}{E} \tag{2.153}$$

当存在残余热应力 σ_T 时，应力-应变关系变为

$$\sigma_P + \sigma_T = E\varepsilon \tag{2.154}$$

式中，σ_P 和 σ_T 分别为测量的应力和冷却收缩时产生的残余热应力；ε 和 ε_P 分别为测量的应变和理论应变。

式(2.154)描述了测量的应力 σ_P 和测量的应变 ε 之间的关系(图2.16～图2.18)；对于测量的如图 2.18 所示应力-应变曲线上数据 $(\sigma_P + \Delta\sigma_P,\ \varepsilon + \Delta\varepsilon)$，其中，$\Delta\sigma_P$ 和 $\Delta\varepsilon$ 分别为测量的应力和应变增量，由式(2.154)，可得

$$\sigma_P + \Delta\sigma_P + \sigma_T = E(\varepsilon + \Delta\varepsilon) \tag{2.155}$$

由式(2.154)和式(2.155)，可以确定弹性模量

$$E = \frac{\Delta\sigma_P}{\Delta\varepsilon} \tag{2.156}$$

将式(2.152)代入式(2.154)，可得

$$\sigma_T = E(\varepsilon - \varepsilon_P) \tag{2.157}$$

将式(2.153)和式(2.156)代入式(2.157)，可得

$$\sigma_T = \frac{\Delta\sigma_P}{\Delta\varepsilon}\left(\varepsilon - \sigma_P\frac{\Delta\varepsilon}{\Delta\sigma_P}\right) \tag{2.158}$$

由式(2.158)和试验测定的应力-应变曲线(图 2.16 和图 2.17)，可得残余热应力 (表 2.10)，经向和纬向的残余热应力 σ_T 分别为 41.22 MPa 和 9.60 MPa。

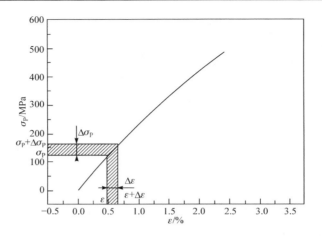

图 2.18　应力-应变曲线示意图

表 2.10　残余热应力试验结果　　　　　　　　（单位：MPa）

	经向	纬向
试验件 1	34.74	41.43
试验件 2	49.34	38.07
试验件 3	40.42	41.11
试验件 4	38.47	41.13
试验件 5	40.15	36.27
均值	41.22	39.60

通过式(2.119)和式(2.120)以及表 2.7 所示双向正交平面编织复合材料细观结构几何参数，可得

$$\bar{g}_1 = 0.283\text{mm} \tag{2.159}$$

$$\bar{g}_2 = 0.220\text{mm} \tag{2.160}$$

由于编织复合材料最高固化温度为 180℃，通常冷却至 20℃左右的室温，因此，固化冷却的温差为

$$\Delta T = 160℃ \tag{2.161}$$

由表2.7和表2.8所示的几何参数和材料力学性能，利用式(2.137)和式(2.138)，可得纤维束编织布的残余热应力：

$$\sigma_1 = 45.76\text{MPa} \tag{2.162}$$

$$\sigma_2 = 43.70\text{MPa} \tag{2.163}$$

由式(2.143)和式(2.144)，可得纤维束编织布经向和纬向的热膨胀系数：

$$\alpha_1 = 8.64 \times 10^{-6} \text{°C} \tag{2.164}$$

$$\alpha_2 = 7.87 \times 10^{-6} \text{°C} \tag{2.165}$$

由式(2.145)至式(2.147)，可得双向正交平面编织复合材料经向和纬向的弹性性能：

$$E_1 = 18.81 \text{GPa} \tag{2.166}$$

$$E_2 = 15.28 \text{GPa} \tag{2.167}$$

$$\mu = 0.28 \tag{2.168}$$

由式(2.151)，可得双向正交平面编织复合材料经向和纬向的残余热应力：

$$\bar{\sigma}_1 = 35.91 \text{MPa} \tag{2.169}$$

$$\bar{\sigma}_2 = 34.89 \text{MPa} \tag{2.170}$$

表 2.11 给出了残余热应力理论预测值与试验结果对比，由表 2.11 可知，经向和纬向残余热应力理论预测值与试验结果之间的相对偏差分别为 12.88%和 11.89%，具有较高的预测精度，从而验证了双向正交平面编织复合材料残余热应力解析模型的有效性。

表 2.11 残余热应力理论预测值与试验结果对比

不同方向残余热应力	试验值/MPa	理论值/MPa	相对偏差/%
经向残余热应力	41.22	35.91	12.88
纬向残余热应力	39.60	34.89	11.89

2.4 双向正交平面编织复合材料双轴拉伸性能解析解

目前，主要采用试验方法测定双向正交平面编织复合材料双轴拉伸性能[25-27]。由于试验件在非重点考核区存在应力集中，测定双向正交平面编织复合材料的真实双轴拉伸强度非常困难，试验值往往低于真实值；也有极少数理论工作研究双向正交平面编织复合材料双轴拉伸(图 2.19)性能[28]，即采用宏观复合材料力学理论，预测载荷比为 1 时的双轴拉伸强度，但是，当载荷比改变时，此方法不再适用，同时，也不能给出具体失效模式和位置。

同样地，由图 2.20 可知，纤维束横截面面积 A 和惯性矩 I 可以表示为

$$A = \frac{\pi h^2}{4} + h(w - h) \tag{2.171}$$

$$I = \frac{1}{64}\pi h^4 + \frac{1}{12} h^3 (w - h) \tag{2.172}$$

根据组分材料几何构型特点(图 2.21)；采用正弦函数描述纤维束中性轴波动

形状，即

$$z = \frac{h}{2}\sin\frac{\pi x}{2L} \tag{2.173}$$

式中，h 为纤维束厚度；L 为纤维束 1/4 波动周期长度。

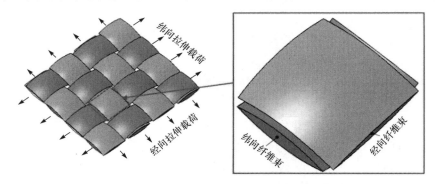

图 2.19 双向正交平面编织复合材料代表性体积单元

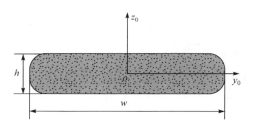

图 2.20 纤维束横截面

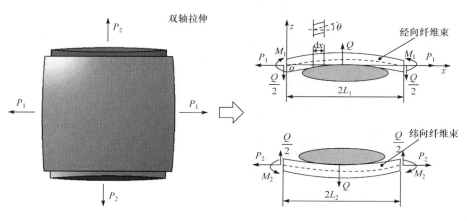

图 2.21 双轴向拉伸状态的内力与力矩

纤维束中性轴任意位置的切向偏轴角 θ 可表示为

$$\tan \theta = \frac{\mathrm{d}z}{\mathrm{d}x} = \frac{\pi h}{4L} \cos \frac{\pi x}{2L} \tag{2.174}$$

纤维束体积分数为

$$V_{\mathrm{f2}} = \left(4L_1 L_2 H\right)^{-1} \left[2\int_0^{L_1} A_1 \sqrt{1 + \left(\frac{\pi h_2}{4L_1} \cos \frac{\pi x}{2L_1}\right)^2} \, \mathrm{d}x + 2\int_0^{L_2} A_2 \sqrt{1 + \left(\frac{\pi h_1}{4L_2} \cos \frac{\pi x}{2L_2}\right)^2} \, \mathrm{d}x \right] \tag{2.175}$$

式中，H 为平面编织复合材料的单层厚度。

纤维束内纤维体积分数可以表示为

$$V_{\mathrm{f}} = \frac{V_{\mathrm{f1}}}{V_{\mathrm{f2}}} \tag{2.176}$$

式中，V_{f1} 为代表性体积单元内纤维体积分数。

在双向拉伸条件下(图 2.19 和图 2.21)，双向正交平面编织复合材料经向和纬向的拉伸外载荷比为

$$\lambda = \frac{P_1}{P_2} \tag{2.177}$$

式中，P_1 和 P_2 分别为经向和纬向纤维束的拉伸载荷。

经向和纬向纤维束任意横截面上的轴力和弯矩分别为

$$F(x) = P_1 \cos \theta + \frac{Q}{2} \sin \theta \tag{2.178}$$

$$M(x) = M_1 + P_1 z - \frac{Q}{2} x \tag{2.179}$$

$$F(x) = P_2 \cos \theta + \frac{Q}{2} \sin \theta \tag{2.180}$$

$$M(x) = M_2 + P_2 z - \frac{Q}{2} x \tag{2.181}$$

代表性体积单元经向和纬向纤维束的余应变能分别为

$$U_1^* = \frac{1}{EI_1} \int_0^{L_1} M^2(x) \sqrt{1 + \left(\frac{\pi h_2}{4L_1} \cos \frac{\pi x}{2L_1}\right)^2} \, \mathrm{d}x + \frac{1}{EA_1} \int_0^{L_1} F^2(x) \sqrt{1 + \left(\frac{\pi h_2}{4L_1} \cos \frac{\pi x}{2L_1}\right)^2} \, \mathrm{d}x \tag{2.182}$$

$$U_2^* = \frac{1}{EI_2} \int_0^{L_2} M^2(x) \sqrt{1 + \left(\frac{\pi h_1}{4L_2} \cos \frac{\pi x}{2L_2}\right)^2} \, \mathrm{d}x + \frac{1}{EA_2} \int_0^{L_2} F^2(x) \sqrt{1 + \left(\frac{\pi h_1}{4L_2} \cos \frac{\pi x}{2L_2}\right)^2} \, \mathrm{d}x \tag{2.183}$$

式中，I_1 和 I_2 为经向和纬向纤维束的惯性矩；A_1 和 A_2 为经向和纬向纤维束的横

截面的面积；E 为纤维束长度方向的弹性模量，可表示为

$$E = E_f V_f + E_m \left(1 - V_f\right) \tag{2.184}$$

将式(2.178)~式(2.181)代入式(2.182)和式(2.183)，可得

$$U_1^* = C_1 M_1^2 + \left(C_2 + C_7\right)P_1^2 + \left(C_3 + C_8\right)Q^2 + C_4 M_1 P_1 + \left(C_5 + C_9\right)P_1 Q + C_6 M_1 Q \tag{2.185}$$

$$U_2^* = C_{10} M_2^2 + \left(C_{11} + C_{16}\right)P_2^2 + \left(C_{12} + C_{17}\right)Q^2 + C_{13} M_2 P_2 + \left(C_{14} + C_{18}\right)P_2 Q + C_{15} M_2 Q \tag{2.186}$$

式中，$C_i \left(i = 1, 2, \cdots, 18\right)$ 为中间变量，具体表达式如下：

$$C_1 = \frac{1}{EI_1} \int_0^{L_1} \sqrt{1 + \left(\frac{\pi h_2}{4L_1} \cos\frac{\pi x}{2L_1}\right)^2} \, dx \tag{2.187}$$

$$C_2 = \frac{1}{EI_1} \int_0^{L_1} \left(\frac{h_2}{2} \sin\frac{\pi x}{2L_1}\right)^2 \sqrt{1 + \left(\frac{\pi h_2}{4L_1} \cos\frac{\pi x}{2L_1}\right)^2} \, dx \tag{2.188}$$

$$C_3 = \frac{1}{4EI_1} \int_0^{L_1} x^2 \sqrt{1 + \left(\frac{\pi h_2}{4L_1} \cos\frac{\pi x}{2L_1}\right)^2} \, dx \tag{2.189}$$

$$C_4 = \frac{1}{EI_1} \int_0^{L_1} \left(h_2 \sin\frac{\pi x}{2L_1}\right) \sqrt{1 + \left(\frac{\pi h_2}{4L_1} \cos\frac{\pi x}{2L_1}\right)^2} \, dx \tag{2.190}$$

$$C_5 = \frac{-1}{2EI_1} \int_0^{L_1} x \left(h_2 \sin\frac{\pi x}{2L_1}\right) \sqrt{1 + \left(\frac{\pi h_2}{4L_1} \cos\frac{\pi x}{2L_1}\right)^2} \, dx \tag{2.191}$$

$$C_6 = \frac{-1}{EI_1} \int_0^{L_1} x \sqrt{1 + \left(\frac{\pi h_2}{4L_1} \cos\frac{\pi x}{2L_1}\right)^2} \, dx \tag{2.192}$$

$$C_7 = \frac{1}{EA_1} \int_0^{L_1} \left[\sqrt{1 + \left(\frac{\pi h_2}{4L_1} \cos\frac{\pi x}{2L_1}\right)^2}\right]^{-1} dx \tag{2.193}$$

$$C_8 = \frac{1}{4EA_1} \int_0^{L_1} \left(\frac{\pi h_2}{4L_1} \cos\frac{\pi x}{2L_1}\right)^2 \left[\sqrt{1 + \left(\frac{\pi h_2}{4L_1} \cos\frac{\pi x}{2L_1}\right)^2}\right]^{-1} dx \tag{2.194}$$

$$C_9 = \frac{1}{EA_1} \int_0^{L_1} \left(\frac{\pi h_2}{4L_1} \cos\frac{\pi x}{2L_1}\right) \left[\sqrt{1 + \left(\frac{\pi h_2}{4L_1} \cos\frac{\pi x}{2L_1}\right)^2}\right]^{-1} dx \tag{2.195}$$

$$C_{10} = \frac{1}{EI_2} \int_0^{L_2} \sqrt{1 + \left(\frac{\pi h_1}{4L_2} \cos \frac{\pi x}{2L_2} \right)^2} \, dx \tag{2.196}$$

$$C_{11} = \frac{1}{EI_2} \int_0^{L_2} \left(\frac{h_1}{2} \sin \frac{\pi x}{2L_2} \right)^2 \sqrt{1 + \left(\frac{\pi h_1}{4L_2} \cos \frac{\pi x}{2L_2} \right)^2} \, dx \tag{2.197}$$

$$C_{12} = \frac{1}{4EI_2} \int_0^{L_2} x^2 \sqrt{1 + \left(\frac{\pi h_1}{4L_2} \cos \frac{\pi x}{2L_2} \right)^2} \, dx \tag{2.198}$$

$$C_{13} = \frac{1}{EI_2} \int_0^{L_2} \left(h_1 \sin \frac{\pi x}{2L_2} \right) \sqrt{1 + \left(\frac{\pi h_1}{4L_2} \cos \frac{\pi x}{2L_2} \right)^2} \, dx \tag{2.199}$$

$$C_{14} = \frac{-1}{2EI_2} \int_0^{L_2} x \left(h_1 \sin \frac{\pi x}{2L_2} \right) \sqrt{1 + \left(\frac{\pi h_1}{4L_2} \cos \frac{\pi x}{2L_2} \right)^2} \, dx \tag{2.200}$$

$$C_{15} = \frac{-1}{EI_2} \int_0^{L_2} x \sqrt{1 + \left(\frac{\pi h_1}{4L_2} \cos \frac{\pi x}{2L_2} \right)^2} \, dx \tag{2.201}$$

$$C_{16} = \frac{1}{EA_2} \int_0^{L_2} \left[\sqrt{1 + \left(\frac{\pi h_1}{4L_2} \cos \frac{\pi x}{2L_2} \right)^2} \right]^{-1} dx \tag{2.202}$$

$$C_{17} = \frac{1}{4EA_2} \int_0^{L_2} \left(\frac{\pi h_1}{4L_2} \cos \frac{\pi x}{2L_2} \right)^2 \left[\sqrt{1 + \left(\frac{\pi h_1}{4L_2} \cos \frac{\pi x}{2L_2} \right)^2} \right]^{-1} dx \tag{2.203}$$

$$C_{18} = \frac{1}{EA_2} \int_0^{L_2} \left(\frac{\pi h_1}{4L_2} \cos \frac{\pi x}{2L_2} \right) \left[\sqrt{1 + \left(\frac{\pi h_1}{4L_2} \cos \frac{\pi x}{2L_2} \right)^2} \right]^{-1} dx \tag{2.204}$$

代表性体积单元的总余能为

$$\Pi^* = U_1^* + U_2^* = C_1 M_1^2 + C_{10} M_2^2 + (C_2 + C_7) P_1^2 + (C_{11} + C_{16}) P_2^2 + (C_3 + C_8 + C_{12} + C_{17}) Q^2$$
$$+ C_4 M_1 P_1 + C_{13} M_2 P_2 + (C_5 + C_9) P_1 Q + (C_{14} + C_{18}) P_2 Q + C_6 M_1 Q + C_{15} M_2 Q \tag{2.205}$$

利用最小余能原理，可得

$$\begin{cases} 2C_1 M_1 + C_6 Q = -C_4 P_1 \\ 2C_{10} M_2 + C_{15} Q = -C_{13} P_2 \\ C_6 M_1 + C_{15} M_2 + 2(C_3 + C_8 + C_{12} + C_{17}) Q = -(C_5 + C_9) P_1 - (C_{14} + C_{18}) P_2 \end{cases} \tag{2.206}$$

将式(2.177)代入式(2.206)，可得

$$
\begin{cases}
2C_1M_1 + C_6Q = -C_4P_1 \\
2C_{10}M_2 + C_{15}Q = -\dfrac{C_{13}}{\lambda}P_1 \\
C_6M_1 + C_{15}M_2 + 2(C_3 + C_8 + C_{12} + C_{17})Q = -\left[(C_5 + C_9) + \dfrac{1}{\lambda}(C_{14} + C_{18})\right]P_1
\end{cases}
$$

$$(2.207)$$

解方程组(2.207)，可得

$$M_1 = D_1P_1 \tag{2.208}$$

$$M_2 = D_2P_1 \tag{2.209}$$

$$Q = D_3P_1 \tag{2.210}$$

式中，$D_i\ (i=1,2,3)$ 为中间变量，具体表达式如下：

$$
D_1 = \frac{\begin{vmatrix} -C_4 & 0 & C_6 \\ -\dfrac{C_{13}}{\lambda} & 2C_{10} & C_{15} \\ -\left[(C_5+C_9)+\dfrac{1}{\lambda}(C_{14}+C_{18})\right] & C_{15} & 2(C_3+C_8+C_{12}+C_{17}) \end{vmatrix}}{\begin{vmatrix} 2C_1 & 0 & C_6 \\ 0 & 2C_{10} & C_{15} \\ C_6 & C_{15} & 2(C_3+C_8+C_{12}+C_{17}) \end{vmatrix}} \tag{2.211}
$$

$$
D_2 = \frac{\begin{vmatrix} 2C_1 & -C_4 & C_6 \\ 0 & -\dfrac{C_{13}}{\lambda} & C_{15} \\ C_6 & -\left[(C_5+C_9)+\dfrac{1}{\lambda}(C_{14}+C_{18})\right] & 2(C_3+C_8+C_{12}+C_{17}) \end{vmatrix}}{\begin{vmatrix} 2C_1 & 0 & C_6 \\ 0 & 2C_{10} & C_{15} \\ C_6 & C_{15} & 2(C_3+C_8+C_{12}+C_{17}) \end{vmatrix}} \tag{2.212}
$$

$$D_3 = \frac{\begin{vmatrix} 2C_1 & 0 & -C_4 \\ 0 & 2C_{10} & -\dfrac{C_{13}}{\lambda} \\ C_6 & C_{15} & -\left[(C_5+C_9)+\dfrac{1}{\lambda}(C_{14}+C_{18})\right] \end{vmatrix}}{\begin{vmatrix} 2C_1 & 0 & C_6 \\ 0 & 2C_{10} & C_{15} \\ C_6 & C_{15} & 2(C_3+C_8+C_{12}+C_{17}) \end{vmatrix}}$$ (2.213)

代表性体积单元在经向和纬向的变形量分别为

$$\delta_{P_1} = \frac{\partial \Pi^*}{\partial P_1} = 2(C_2+C_7)P_1 + C_4 M_1 + (C_5+C_9)Q \quad (2.214)$$

$$\delta_{P_2} = \frac{\partial \Pi^*}{\partial P_2} = 2(C_{11}+C_{16})P_2 + C_{13}M_2 + (C_{14}+C_{18})Q \quad (2.215)$$

将式(2.208)～式(2.210)代入式(2.214)和式(2.215)，可得

$$\delta_{P_1} = \left[2(C_2+C_7) + C_4 D_1 + (C_5+C_9)D_3\right]P_1 \quad (2.216)$$

$$\delta_{P_2} = \left[\frac{2}{\lambda}(C_{11}+C_{16}) + C_{13}D_2 + (C_{14}+C_{18})D_3\right]P_1 \quad (2.217)$$

纤维束编织布在经向和纬向的弹性模量可以表示为

$$E_{f1} = \frac{P_1 L_1}{L_2(h_1+h_2)\delta_{P_1}} = \frac{L_1}{L_2(h_1+h_2)}\left[2(C_2+C_7) + C_4 D_1 + (C_5+C_9)D_3\right]^{-1} \quad (2.218)$$

$$E_{f2} = \frac{P_2 L_2}{L_1(h_1+h_2)\delta_{P_2}} = \frac{L_2}{\lambda L_1(h_1+h_2)}\left[\frac{2}{\lambda}(C_{11}+C_{16}) + C_{13}D_2 + (C_{14}+C_{18})D_3\right]^{-1}$$
(2.219)

利用混合定律，可得正交平面编织复合材料的弹性模量：

$$E_1 = E_{f1}V_{f2} + E_m(1-V_{f2}) \quad (2.220)$$

$$E_2 = E_{f2}V_{f2} + E_m(1-V_{f2}) \quad (2.221)$$

根据工程梁理论，可知在经向纤维束波峰(或波谷)处横截面的上下表面存在最大正应力，分别为

$$\sigma_{1max1} = \frac{P_1}{A_1} + \frac{h_1}{2I_1}\left(\frac{P_1 h_2}{2} - \frac{Q}{2}L_1 + M_1\right), \quad z_0 = \frac{-h_1}{2} \quad (2.222)$$

$$\sigma_{1max2} = \frac{P_1}{A_1} + \frac{h_1}{2I_1}\left(-\frac{P_1 h_2}{2} + \frac{Q}{2}L_1 - M_1\right), \quad z_0 = \frac{h_1}{2} \quad (2.223)$$

同理，在纬向纤维束波峰(或波谷)处横截面的上下表面存在最大正应力，分别为

$$\sigma_{2\max1} = \frac{P_2}{A_2} + \frac{h_2}{2I_2}\left(\frac{P_2 h_1}{2} - \frac{Q}{2}L_2 + M_2\right), \quad z_0 = \frac{-h_2}{2} \tag{2.224}$$

$$\sigma_{2\max2} = \frac{P_2}{A_2} + \frac{h_2}{2I_2}\left(-\frac{P_2 h_1}{2} + \frac{Q}{2}L_2 - M_2\right), \quad z_0 = \frac{h_2}{2} \tag{2.225}$$

将式(2.177)、式(2.208)~式(2.210)代入式(2.222)~式(2.225)，可得

$$\sigma_{1\max1} = P_1\left(\frac{1}{A_1} + \frac{h_1 h_2}{4I_1} - \frac{D_3 L_1 h_1}{4I_1} + \frac{D_1 h_1}{2I_1}\right) \tag{2.226}$$

$$\sigma_{1\max2} = P_1\left(\frac{1}{A_1} - \frac{h_1 h_2}{4I_1} + \frac{D_3 L_1 h_1}{4I_1} - \frac{D_1 h_1}{2I_1}\right) \tag{2.227}$$

$$\sigma_{2\max1} = P_1\left(\frac{1}{\lambda A_2} + \frac{h_1 h_2}{4\lambda I_2} - \frac{D_3 L_2 h_2}{4I_2} + \frac{D_2 h_2}{2I_2}\right) \tag{2.228}$$

$$\sigma_{2\max2} = P_1\left(\frac{1}{\lambda A_2} - \frac{h_1 h_2}{4\lambda I_2} + \frac{D_3 L_2 h_2}{4I_2} - \frac{D_2 h_2}{2I_2}\right) \tag{2.229}$$

根据最大应力准则，双向拉伸失效时，经向最大拉伸外载荷为

$$P_{cr1} = X_{t0}\left(\frac{1}{A_1} + \frac{h_1 h_2}{4I_1} - \frac{D_3 L_1 h_1}{4I_1} + \frac{D_1 h_1}{2I_1}\right)^{-1} \tag{2.230}$$

$$P_{cr2} = X_{t0}\left(\frac{1}{A_1} - \frac{h_1 h_2}{4I_1} + \frac{D_3 L_1 h_1}{4I_1} - \frac{D_1 h_1}{2I_1}\right)^{-1} \tag{2.231}$$

$$P_{cr3} = X_{t0}\left(\frac{1}{\lambda A_2} + \frac{h_1 h_2}{4\lambda I_2} - \frac{D_3 L_2 h_2}{4I_2} + \frac{D_2 h_2}{2I_2}\right)^{-1} \tag{2.232}$$

$$P_{cr4} = X_{t0}\left(\frac{1}{\lambda A_2} - \frac{h_1 h_2}{4\lambda I_2} + \frac{D_3 L_2 h_2}{4I_2} - \frac{D_2 h_2}{2I_2}\right)^{-1} \tag{2.233}$$

式中，X_{t0} 为纤维束的拉伸强度，具体可以表示为

$$X_{t0} = X_t V_f + X_t E_f^{-1} E_m (1 - V_f) \tag{2.234}$$

最终的拉伸失效外载荷为

$$P_{cr} = \min(P_{cr1}, P_{cr2}, P_{cr3}, P_{cr4}) \tag{2.235}$$

由此可得双轴拉伸载荷下双向正交平面编织复合材料的经向和纬向的拉伸强度

$$X_{1t} = \frac{P_{cr}}{2L_2H}\left[1 + \frac{E_m}{E_{f1}}\left(1 - V_{f2}\right)\right] = \frac{\min\left(P_{cr1}, P_{cr2}, P_{cr3}, P_{cr4}\right)}{2L_2H}\left[1 + \frac{E_m}{E_{f1}}\left(1 - V_{f2}\right)\right]$$

(2.236)

$$X_{2t} = \frac{P_{cr}}{2\lambda L_1H}\left[1 + \frac{E_m}{E_{f2}}\left(1 - V_{f2}\right)\right] = \frac{\min\left(P_{cr1}, P_{cr2}, P_{cr3}, P_{cr4}\right)}{2\lambda L_1H}\left[1 + \frac{E_m}{E_{f2}}\left(1 - V_{f2}\right)\right]$$

(2.237)

当 $\lambda = 0$ (即 $P_1 = 0$)，或 $\lambda = \infty$ (即 $P_2 = 0$)时，式(2.220)、式(2.221)、式(2.236)和式(2.237)可退化为单轴拉伸下的模量和强度，这表明单轴拉伸只是双轴拉伸的一个特例。

为验证上述模型，试验测定了双向正交平面编织复合材料双轴拉伸力学性能，试验件几何形状及尺寸如图 2.22 所示，所用材料为 EW220/5284 双向正交平面编织复合材料，单层厚度为 0.167mm，其纤维体积含量为 55%，EW220/5284 双向正交平面编织复合材料几何参数和力学性能如表 2.12 所示。由图 2.22 可知，双向正交平面编织复合材料双轴拉伸试验件为十字形的，这是为了实现双轴加载，方便测量双轴拉伸载荷下的应力-应变曲线，而在试验件中心区域加工含有钻石形减薄区。

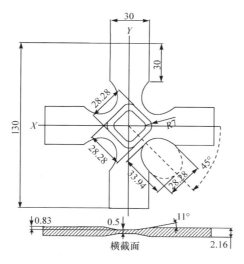

图 2.22　双轴拉伸试验件几何形状(单位：mm)

表 2.12　EW220/5284 双向正交平面编织复合材料几何参数和力学性能

参数	数值	参数	数值
h_1 / mm	0.080	L_1 / mm	0.714
h_2 / mm	0.067	L_2 / mm	0.556

续表

参数	数值	参数	数值
w_1 / mm	1.0	E_f / GPa	73.0
w_2 / mm	1.2	E_m / GPa	3.4
H / mm	0.167	V_{f1}	0.55

图 2.23 给出了双轴拉伸试验装置,利用杠杆原理实现在单轴拉伸试验机上变载荷比双轴加载。在大气室温下,利用 QBS-100 电液伺服力学试验机完成不同载荷比(1、2 和 3)的双轴拉伸试验(图 2.24),每种载荷比下完成 3 个试验件的双轴拉伸试验。由于双轴拉伸试验件几何构型复杂,无法像单轴拉伸试验那样,只需基于简单试验几何参数和试验测定的拉力,直接通过简单的公式计算获得拉伸应力数据,因此,需要借助有限元分析处理试验数据,得到双轴拉伸应力数据。采用应变片测量中心减薄区的双轴拉伸变形,通过试验测定双轴拉伸载荷-应变曲线;利用 Abaqus 软件,建立双轴拉伸有限元模型(图 2.25),实体层单元 C3D8R 模拟正交平面编织复合材料,单元数量为 5984;再将试验测定的双轴拉伸载荷施加到有限元模型,计算中心减薄区的双轴拉伸应力,以此作为试验件在试验过程中承受的应力;最后,获得不同载荷比下的应力-应变曲线(图 2.26),进而得到双轴拉伸模量(表 2.13)。由表 2.13 可知,经向和纬向双轴拉伸模量随着载荷比的增加而增加。

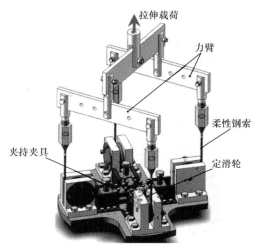

图 2.23   双轴拉伸试验装置

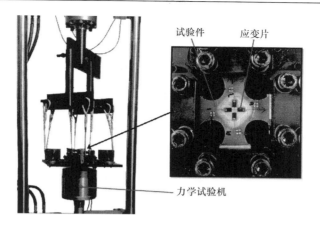

图 2.24　双轴拉伸试验系统

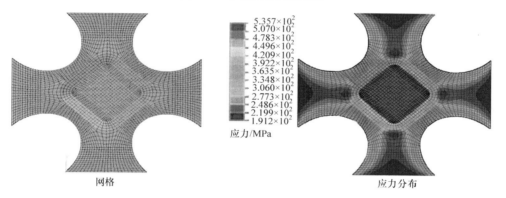

图 2.25　双轴拉伸应力分析

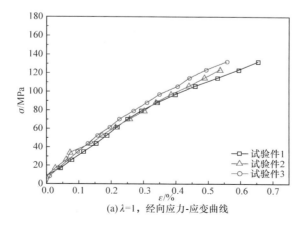

(a)λ=1，经向应力-应变曲线

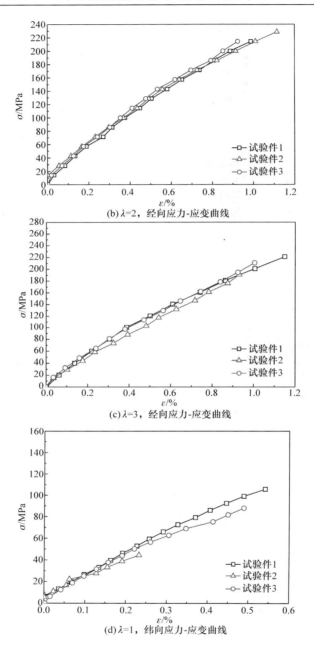

(b) λ=2，经向应力-应变曲线

(c) λ=3，经向应力-应变曲线

(d) λ=1，纬向应力-应变曲线

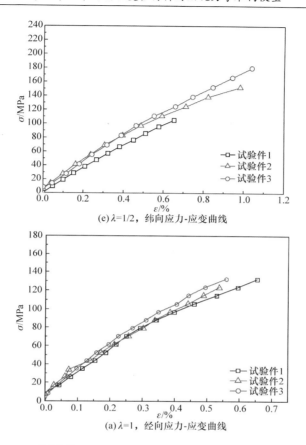

(e) $\lambda=1/2$，纬向应力-应变曲线

(a) $\lambda=1$，经向应力-应变曲线

图 2.26　不同载荷比下双向正交平面编织复合材料应力-应变曲线

表 2.13　EW220/5284 双向正交平面编织复合材料双轴拉伸模量

	经向				纬向			
	$\lambda=1$	$\lambda=2$	$\lambda=3$	$\lambda=\infty$	$\lambda=1$	$\lambda=1/2$	$\lambda=1/3$	$\lambda=0$
试样 1 试验值/GPa	19.22	21.55	18.96	18.37	18.22	16.11	15.41	14.12
试样 2 试验值/GPa	21.00	19.39	19.61	20.23	16.20	15.17	15.86	13.62
试样 3 试验值/GPa	23.53	20.70	20.04	19.24	17.41	16.72	16.11	14.70
试验均值/GPa	21.25	20.55	19.54	19.28	17.28	16.00	15.79	14.14
预测值/GPa	20.31	19.25	18.92	18.30	15.86	14.83	14.52	13.94
相对偏差/%	4.42	6.33	3.17	5.08	8.22	7.31	8.04	1.41

以表 2.12 中的基本数据作为输入，利用式(2.220)和式(2.221)，计算不同载荷比下的双轴拉伸模量。表 2.13 给出了理论预测值与试验结果的对比，从表 2.13 可

见，经向和纬向双轴拉伸模量预测值与试验值之间的最大相对偏差分别为 6.33% 和 8.22%，二者吻合良好。再利用式(2.236)和式(2.237)，计算不同载荷比下的双轴拉伸强度。由于试验很难精确测定双向正交平面编织复合材料双轴拉伸强度，而单轴拉伸强度(载荷比为 0 或 ∞)是双轴拉伸强度的一个特例，因此，通过试验测定的双向正交平面编织复合材料单轴拉伸强度，验证提出的双轴拉伸强度解析模型。表 2.14 给出了 3 种双向正交平面编织复合材料单轴拉伸强度理论预测值与试验结果[6,29]的对比，由表 2.14 可知，理论预测值与试验值之间的最大相对偏差为 12.20%，吻合良好，因此，本书模型可精确预测双向正交平面编织复合材料双轴拉伸性能。

表 2.14 双向正交平面编织复合材料单轴拉伸强度预测值与试验结果对比

		E-Glass[6]	AS4-Carbon[6]	TC33 Carbon[29]
纤维束几何参数	L_1 /mm	0.376	0.5	0.998
	L_2 /mm	0.376	0.5	0.998
	w_1 /mm	0.732	1	1.651
	w_2 /mm	0.732	1	1.651
	h_1 /mm	0.1	0.04	0.1
	h_2 /mm	0.1	0.04	0.1
单层厚度 H/mm		0.201	0.081	0.208
纤维体积含量 V_{f0}		0.35	0.6	0.5
纤维弹性模量 E_f /GPa		72.4	221	230
基体弹性模量 E_m /GPa		3.45	4.4	3.0
纤维长度方向拉伸强度 X_t /MPa		2413	3585	3450
双向正交平面编织复合材料单轴拉伸强度	试验值/MPa	353.27	737.5	588.43
	预测值/MPa	329.45	827.46	648.29
	相对偏差/%	6.74	12.20	10.17

2.5 三向平面编织复合材料单轴拉伸性能解析解

三向平面编织复合材料由三个方向纤维束(0°和±60°)交错编织而成(图 2.27 和图 2.28)，形成具有一定刚度的二维单层编织复合材料结构，其中纤维束由预浸树脂的纤维束固化而成。三轴向编织复合材料宏观力学性能表现为准各向同性，在低或超低面密度复合材料结构中具有良好应用前景。事实上，三向平面编织复合材料的宏观力学性能主要取决于几何特征参数(包括纤维束横截面几何参数、纤维束波动形状参数等)、纤维体积分数和组分材料性能。三个方向的编织纤维束相互交错会使纤维束弯曲(波动)，从而对模量和强度产生影响。根据三向平面编织复合材料的几何构型和波动形状，选取代表性体积单元(图 2.28，其中，$2L$ 为纤维束波动一个周期的长度，w 为纤维束的宽度)。三向平面编织复合材料 0°方向纤维束在电子显微镜下的微观结构如图 2.29 所示，其中虚线代表纤维束的中性轴，h 为纤维束的厚度。

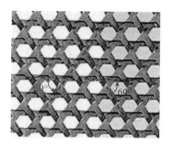

图 2.27　三向平面编织复合材料[30]

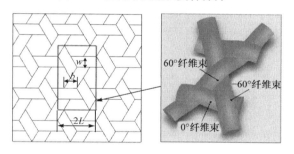

图 2.28　三向平面编织复合材料代表性体积单元

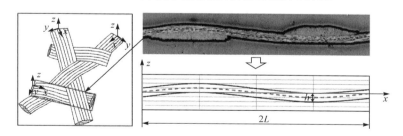

图 2.29　0°方向纤维束几何构型简化

图 2.29 给出了 0°纤维束微观扫描电镜照片和简化模型，并定义了局部直角坐标系的 x、y 和 z 轴方向，分别对应纵向、横向和厚度方向。为建立三向平面编织

复合材料的解析模型，根据纤维束几何特征，进行如下假设[30]：

假设 2.1　纤维束简化为曲梁，波动形状为光滑连续的，而且波动形状近似正弦函数，这样，采用正弦函数描述纤维束中性轴波动形状。

假设 2.2　纤维束的横截面为细长的扁平形状，采用宽度为 w、高度为 h 矩形截面(图 2.30)表征。

假设 2.3　纤维束相互搭接界面近似为宽度为 w 和长度为 b 的菱形(图 2.31)。

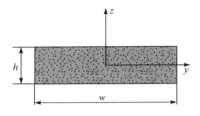

图 2.30　纤维束横截面几何形状

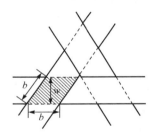

图 2.31　三向平面编织复合材料搭接界面

研究结果表明[31,32]，三向平面编织复合材料单轴拉伸应力-应变曲线在失效前表现为线性响应关系，因此，三向平面编织复合材料的失效强度定义为应力-应变曲线上应力突降的初始失效点。对于拉伸或压缩受载情况，相对纤维束轴力，纤维束横向剪切力分量为小量，可以忽略(图 2.32)。

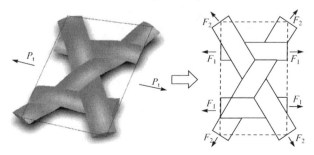

图 2.32　三向平面编织复合材料单轴拉伸状态下纤维束上的等效外载荷

由图 2.28 可知，代表性体积单元的长度和宽度分别为

$$L_0 = \frac{2L}{\tan 30^\circ} = 2L\sqrt{3} \tag{2.238}$$

$$W_0 = 2L \tag{2.239}$$

式中，L_0 和 W_0 分别为代表性体积单元的长度和宽度；L 为 0°方向纤维束的半个波动周期的长度。

根据假设 2.1 和图 2.29，纤维束中性轴波动形状可分别表示为

$$z = \frac{h}{2}\sin\frac{\pi x}{L} \tag{2.240}$$

根据假设 2.2 和图 2.30，可得纤维横截面的面积和惯性矩：

$$A = wh \tag{2.241}$$

$$I_y = \frac{wh^3}{12} \tag{2.242}$$

$$I_z = \frac{w^3 h}{12} \tag{2.243}$$

$$I_p = I_y + I_z \tag{2.244}$$

式中，A 为纤维束横截面面积；I_y 和 I_z 分别为纤维束横截面沿着横向和厚度方向的惯性矩；I_p 为纤维束横截面极惯性矩。

根据假设 2.3 和图 2.31，三向平面编织复合材料搭接界面的抗扭截面系数可以表示为

$$W_p = \alpha w b^2 \tag{2.245}$$

$$b = \frac{w}{\cos 30^\circ} = \frac{2w\sqrt{3}}{3} \tag{2.246}$$

式中，W_p 为抗扭截面系数；w 为纤维束宽度；b 为纤维束搭接界面菱形边长；α 为修正系数，对于菱形，$\alpha = 0.1181$。

将式(2.246)代入式(2.245)，可得

$$W_p = \frac{4}{3}\alpha w^3 \tag{2.247}$$

在拉伸外载荷 P_t 作用下，代表性体积单元中的纤维束上存在的相互作用内力 F_1 和 F_2 (图 2.32)，根据力平衡方程，可得

$$P_t = 2F_1 + 2F_2 \sin 30^\circ \tag{2.248}$$

$$F_2 = P_t - 2F_1 \tag{2.249}$$

式中，P_t 为单轴拉伸外载荷；F_1 和 F_2 分别为 0°和±60°纤维束上的外部轴力。

由于代表性体积单元为对称结构，因此，选取一个周期的 0°方向纤维束和一个周期的±60°方向纤维束进行研究，其受力如图 2.33 所示，其中，N 表示 0°和 –60°方向纤维束之间沿 z 方向的相互作用力，其作用点位于纤维束相互交错的中心位置；M_1 和 M_2 分别表示 0°和±60°方向纤维束的内力矩。0°方向纤维束在拉伸载荷作用下，相邻两个半波长度范围的纤维束变形应该是旋转对称的。在内力矩 M_1 的作用下，左侧半波长度的纤维束会增加弯曲程度，而右侧半波长度的纤维束会减小弯曲程度，二者变形不对称，所以，M_1 必须为零，以满足对称变形条件。

$$M_1 = 0 \tag{2.250}$$

利用式(2.240)所示的波动形状函数，可得 0°方向纤维束上的任意微段 $\mathrm{d}x$ 中性轴的切线方向偏轴角：

$$\tan\theta = \frac{\mathrm{d}z}{\mathrm{d}x} = \frac{\pi h}{2L}\cos\left(\frac{\pi}{L}x\right) \tag{2.251}$$

式中，θ 为偏轴角。

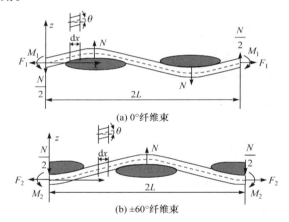

(a) 0°纤维束

(b) ±60°纤维束

图 2.33　三向平面编织复合材料单轴拉伸状态下 0°和±60°纤维束的内力和力矩

0°方向纤维束任意横截面的内力和力矩可以表示为

$$F(x) = F_1\cos\theta = \frac{F_1}{\sqrt{1+\tan^2\theta}}, \quad 0 \leqslant x \leqslant \frac{L}{2} \tag{2.252}$$

$$M(x) = \frac{hF_1}{2}\sin\frac{\pi x}{L} - \frac{N}{2}x, \quad 0 \leqslant x \leqslant \frac{L}{2} \tag{2.253}$$

将式(2.251)代入式(2.252)，可得

$$F(x) = \frac{F_1}{\sqrt{1+\left(\dfrac{\pi h}{2L}\cos\dfrac{\pi x}{L}\right)^2}}, \quad 0 \leqslant x \leqslant \frac{L}{2} \tag{2.254}$$

同理，可得±60°方向纤维束任意横截面的内力和力矩：

$$F(x) = \frac{P_t - 2F_1}{\sqrt{1 + \left(\dfrac{\pi h}{2L} \sin \dfrac{\pi x}{L}\right)^2}}, \quad 0 \leqslant x \leqslant L \tag{2.255}$$

$$M(x) = \left(\frac{P_t}{2} - F_1\right)\left(1 - \cos \frac{\pi x}{L}\right)h - \frac{N}{2}x - M_2, \quad 0 \leqslant x \leqslant L \tag{2.256}$$

显然，式(2.253)~式(2.256)包含 3 个待定独立参量：F_1、N 和 M_2，可以通过最小余能原理，建立它们与拉伸外载荷之间的关系。

在代表性体积单元中 0°和±60°方向纤维束的余应变能可以表示为

$$U_1^* = \frac{2}{EI_y} \int_0^{\frac{L}{2}} M^2(x) \sqrt{1 + \left(\frac{\pi h}{2L} \cos \frac{\pi x}{L}\right)^2} \, dx + \frac{2}{EA} \int_0^{\frac{L}{2}} F^2(x) \sqrt{1 + \left(\frac{\pi h}{2L} \cos \frac{\pi x}{L}\right)^2} \, dx \tag{2.257}$$

$$U_2^* = \frac{1}{EI_y} \int_0^L M^2(x) \sqrt{1 + \left(\frac{\pi h}{2L} \sin \frac{\pi x}{L}\right)^2} \, dx + \frac{1}{EA} \int_0^L F^2(x) \sqrt{1 + \left(\frac{\pi h}{2L} \sin \frac{\pi x}{L}\right)^2} \, dx \tag{2.258}$$

式中，U_1^* 和 U_2^* 分别为代表性体积单元中 0°和±60°方向纤维束的余应变能；E 纤维束纵向的弹性模量。

将式(2.253)~式(2.256)代入式(2.257)和式(2.258)，可得

$$U_1^* = (B_1 + B_4) F_1^2 + B_2 N^2 + B_3 F_1 N \tag{2.259}$$

$$U_2^* = (B_5 + B_{11})\left(\frac{P_t}{2} - F_1\right)^2 + B_6 N^2 + B_7 M_2^2 + B_8 N\left(\frac{P_t}{2} - F_1\right) + B_9 M_2\left(\frac{P_t}{2} - F_1\right) + B_{10} N M_2 \tag{2.260}$$

式中，$B_i\,(i = 1, 2, \cdots, 11)$ 为中间变量，具体表达式如下：

$$B_1 = \frac{h^2}{2EI_y} \int_0^{\frac{L}{2}} \left(\sin \frac{\pi x}{L}\right)^2 \sqrt{1 + \left(\frac{\pi h}{2L} \cos \frac{\pi x}{L}\right)^2} \, dx \tag{2.261}$$

$$B_2 = \frac{1}{2EI_y} \int_0^{\frac{L}{2}} x^2 \sqrt{1 + \left(\frac{\pi h}{2L} \cos \frac{\pi x}{L}\right)^2} \, dx \tag{2.262}$$

$$B_3 = \frac{-h}{EI_y} \int_0^{\frac{L}{2}} x \sin \frac{\pi x}{L} \sqrt{1 + \left(\frac{\pi h}{2L} \cos \frac{\pi x}{L}\right)^2} \, dx \tag{2.263}$$

$$B_4 = \frac{2}{EA} \int_0^{\frac{L}{2}} \left[\sqrt{1 + \left(\frac{\pi h}{2L} \cos \frac{\pi x}{L}\right)^2}\right]^{-1} dx \tag{2.264}$$

$$B_5 = \frac{h^2}{EI_y} \int_0^L \left(1 - \cos\frac{\pi x}{L}\right)^2 \sqrt{1 + \left(\frac{\pi h}{2L}\sin\frac{\pi x}{L}\right)^2}\, dx \tag{2.265}$$

$$B_6 = \frac{1}{4EI_y} \int_0^L x^2 \sqrt{1 + \left(\frac{\pi h}{2L}\sin\frac{\pi x}{L}\right)^2}\, dx \tag{2.266}$$

$$B_7 = \frac{1}{EI_y} \int_0^L \sqrt{1 + \left(\frac{\pi h}{2L}\sin\frac{\pi x}{L}\right)^2}\, dx \tag{2.267}$$

$$B_8 = -\frac{h}{EI_y} \int_0^L x\left(1 - \cos\frac{\pi x}{L}\right) \sqrt{1 + \left(\frac{\pi h}{2L}\sin\frac{\pi x}{L}\right)^2}\, dx \tag{2.268}$$

$$B_9 = -\frac{2h}{EI_y} \int_0^L \left(1 - \cos\frac{\pi x}{L}\right) \sqrt{1 + \left(\frac{\pi h}{2L}\sin\frac{\pi x}{L}\right)^2}\, dx \tag{2.269}$$

$$B_{10} = \frac{1}{EI_y} \int_0^L x \sqrt{1 + \left(\frac{\pi h}{2L}\sin\frac{\pi x}{L}\right)^2}\, dx \tag{2.270}$$

$$B_{11} = \frac{4}{EA} \int_0^L \left[\sqrt{1 + \left(\frac{\pi h}{2L}\sin\frac{\pi x}{L}\right)^2}\,\right]^{-1} dx \tag{2.271}$$

因为−60°和60°纤维束的余应变能相等，由式(2.259)和式(2.260)可得代表性体积单元中的总余能：

$$\Pi^* = 2U_1^* + 4U_2^* = 2(B_1 + B_4)F_1^2 + 4(B_5 + B_{11})\left(\frac{P_t}{2} - F_1\right)^2 + (2B_2 + 4B_6)N^2$$

$$+ 4B_7 M_2^2 + 2B_3 F_1 N + 4B_8 N\left(\frac{P_t}{2} - F_1\right) + 4B_9 M_2\left(\frac{P_t}{2} - F_1\right) + 4B_{10} NM_2 \tag{2.272}$$

根据最小余能原理，可得

$$\begin{cases} \left[2(B_1 + B_4) + 4(B_5 + B_{11})\right]F_1 + (B_3 - 2B_8)N - 2B_9 M_2 = 2(B_5 + B_{11})P_t \\ (B_3 - 2B_8)F_1 + 2(B_2 + 2B_6)N + 2B_{10}M_2 = -B_8 P_t \\ -2B_9 F_1 + 2B_{10}N + 4B_7 M_2 = -B_9 P_t \end{cases} \tag{2.273}$$

利用克拉默法则，求解方程组(2.273)，得

$$F_1 = C_1 P_t \tag{2.274}$$

$$N = C_2 P_t \tag{2.275}$$

$$M_2 = C_3 P_t \tag{2.276}$$

式中，$C_i(i=1,2,3)$ 为中间变量，具体表达式如下：

$$C_1 = \frac{\begin{vmatrix} 4(B_5+B_{11}) & (2B_3-4B_8) & -4B_9 \\ -2B_8 & 4(B_2+2B_6) & 4B_{10} \\ -2B_9 & 4B_{10} & 8B_7 \end{vmatrix}}{\begin{vmatrix} 4(B_1+B_4)+8(B_5+B_{11}) & (2B_3-4B_8) & -4B_9 \\ (2B_3-4B_8) & 4(B_2+2B_6) & 4B_{10} \\ -4B_9 & 4B_{10} & 8B_7 \end{vmatrix}} \tag{2.277}$$

$$C_2 = \frac{\begin{vmatrix} 4(B_1+B_4)+8(B_5+B_{11}) & 4(B_5+B_{11}) & -4B_9 \\ (2B_3-4B_8) & -2B_8 & 4B_{10} \\ -4B_9 & -2B_9 & 8B_7 \end{vmatrix}}{\begin{vmatrix} 4(B_1+B_4)+8(B_5+B_{11}) & (2B_3-4B_8) & -4B_9 \\ (2B_3-4B_8) & 4(B_2+2B_6) & 4B_{10} \\ -4B_9 & 4B_{10} & 8B_7 \end{vmatrix}} \tag{2.278}$$

$$C_3 = \frac{\begin{vmatrix} 4(B_1+B_4)+8(B_5+B_{11}) & (2B_3-4B_8) & 4(B_5+B_{11}) \\ (2B_3-4B_8) & 4(B_2+2B_6) & -2B_8 \\ -4B_9 & 4B_{10} & -2B_9 \end{vmatrix}}{\begin{vmatrix} 4(B_1+B_4)+8(B_5+B_{11}) & (2B_3-4B_8) & -4B_9 \\ (2B_3-4B_8) & 4(B_2+2B_6) & 4B_{10} \\ -4B_9 & 4B_{10} & 8B_7 \end{vmatrix}} \tag{2.279}$$

通过卡氏定理，可以求得代表性体积单元在拉伸外载荷 P_t 方向上的相对变形量 Δ_{P_t}：

$$\Delta_{P_t} = \frac{\partial \Pi^*}{\partial P_t} = 4(B_1+B_4)C_1^2 P_t + 8(B_5+B_{11})(0.5-C_1)^2 P_t + 4(B_2+2B_6)C_2^2 P_t + 8B_7 C_3^2 P_t$$

$$+ 4B_3 C_1 C_2 P_t + 8B_8 C_2(0.5-C_1)P_t + 8B_9 C_3(0.5-C_1)P_t + 8B_{10}C_2 C_3 P_t \tag{2.280}$$

根据应变的定义，代表性体积单元的拉伸应变可以表示为

$$\varepsilon = \frac{\Delta_{P_t}}{2L} \tag{2.281}$$

代表性体积单元的拉伸应力(单位长度的拉力)可以表示为

$$\sigma_t = \frac{P_t}{2\sqrt{3}L} \tag{2.282}$$

由式(2.281)和式(2.282)，可推得三向平面编织复合材料的拉伸弹性模量：

$$E_t = \frac{\sigma_t}{\varepsilon} = \frac{P_t}{\sqrt{3}\Delta_{P_t}} \tag{2.283}$$

根据梁理论，最大拉压应力出现在 0°和±60°方向纤维束的波峰和波谷处横截面的上下表面，即

$$\sigma_{1\max} = \frac{F_1}{A} + \frac{NLh}{8I_y} \tag{2.284}$$

$$\sigma_{2\max} = \frac{F_2}{A} + \frac{NLh + 2M_2h}{4I_y} \tag{2.285}$$

式中，σ_1 和 σ_2 分别为 0°和±60°方向纤维束的正应力。

将式(2.249)、式(2.274)~式(2.276)代入式(2.284)和式(2.285)，可得

$$\sigma_{1\max} = P_t\left(\frac{C_1}{A} + \frac{C_2Lh}{8I_y}\right) \tag{2.286}$$

$$\sigma_{2\max} = P_t\left(\frac{1-2C_1}{A} + \frac{C_2L + 2C_3}{4I_y}h\right) \tag{2.287}$$

根据最大应力准则，由式(2.286)和式(2.287)，可得 0°和±60°方向纤维束拉伸失效时的最大拉伸外载荷：

$$P_{t,cr1} = X_{t0}\left(\frac{C_1}{A} + \frac{C_2Lh}{8I_y}\right)^{-1} \tag{2.288}$$

$$P_{t,cr2} = X_{t0}\left(\frac{1-2C_1}{A} + \frac{C_2L + 2C_3}{4I_y}h\right)^{-1} \tag{2.289}$$

式中，$P_{t,cr1}$ 和 $P_{t,cr2}$ 分别为 0°和±60°方向纤维束拉伸失效时的最大拉伸外载荷；X_{t0} 为纤维束纵向拉伸强度。

由式(2.288)和式(2.289)，可得三向平面编织复合材料拉伸失效时的外载荷：

$$P_{t,cr} = \min\left(P_{t,cr1}, P_{t,cr2}\right) \tag{2.290}$$

式中，$P_{t,cr}$ 为三向平面编织复合材料拉伸失效时的外载荷。

由式(2.238)和式(2.290)，可得三向平面编织复合材料拉伸强度：

$$X_t = \frac{P_{t,cr}}{L_0} = \frac{\min\left(P_{t,cr1}, P_{t,cr2}\right)}{2L\sqrt{3}} \tag{2.291}$$

式中，X_t 为三向平面编织复合材料拉伸强度。

选取 3 种三向平面编织复合材料：T300/Hexel8552[31,33]、T300/NM35[32,34]和

碳纤维/环氧树脂[35]，验证上述三向平面编织复合材料拉伸性能解析模型，纤维束编织几何参数与力学性能如表 2.15 所示，拉伸模量和强度试验值如表 2.16 所示。以表 2.15 中的基本参数为输入，利用式(2.283)和式(2.291)，可以分别求得三向平面编织复合材料拉伸模量和强度(表 2.16)，从表 2.16 可以看出，3 种三向平面编织复合材料拉伸模量与强度理论的预测值与试验结果之间的最大相对偏差分别为 13.77% 和 3.40%，可见，三向平面编织复合材料拉伸性能解析模型预测结果与试验吻合良好。

表 2.15　纤维束编织几何参数与力学性能

复合材料	w / mm	h / mm	L / mm	E / MPa	G / MPa	X_{t0} / MPa	S_0 / MPa
T300/Hexel8552[30,35]	0.803	0.078	1.56	153085	4408	2296	92
T300/NM35[32,34]	0.89	0.07	1.55	176000	6860	2673	N.A.
碳纤维/环氧树脂[33]	0.85	0.07	1.59	338570	5610	3400	N.A.

表 2.16　三向平面编织复合材料拉伸模量和强度

	拉伸模量和强度	T300/Hexel8552	T300/NM35	碳纤维/环氧树脂
	试验值/(N/mm)	13.53[31]	22.01[32,34]	32.24[35]
E_t	预测值/(N/mm)	14.93	18.97	35.23
	相对偏差/%	10.29	13.77	9.27
	试验值/(N/mm)	25.85[31,33]	30.58[32,34]	33.52[35]
X_t	预测值/(N/mm)	25.25	29.45	34.62
	相对偏差/%	2.32	3.40	3.28

2.6　三向平面编织复合材料面内剪切性能解析解

三向平面编织复合材料代表性体积单元承受面内剪切外载荷 P_{s1} 和 P_{s2} (图 2.34)，在 0°和±60°纤维束上的等效外载荷为 F_1 和 F_2，利用力的平衡方程，可得

$$P_{s1} = 2F_1 - 2F_2 \sin 30° \tag{2.292}$$

$$P_{s2} = 2F_2 \cos 30° \tag{2.293}$$

式中，P_{s1} 和 P_{s2} 分别为三向平面编织复合材料代表性体积单元承受的纵向和横向面内剪切外载荷。

根据代表性体积单元的力矩平衡条件，可得

$$F_1 = 2F_2 \tag{2.294}$$

将式(2.294)代入式(2.292)和式(2.293)，可得

$$F_1 = \frac{2}{3} P_{s1} \tag{2.295}$$

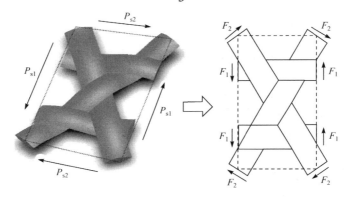

图 2.34 三向平面编织复合材料面内剪切状态下纤维束上的等效外载荷

由式(2.238)和式(2.239)，可得代表性体积单元纵向和横向剪切应力：

$$\tau_1 = \frac{P_{s1}}{L_0} = \frac{P_{s1}}{2\sqrt{3}L} \tag{2.296}$$

$$\tau_2 = \frac{P_{s2}}{W_0} = \frac{P_{s2}}{2L} \tag{2.297}$$

式中，τ_1 和 τ_2 分别为代表性体积单元纵向和横向剪切应力。

将式(2.292)～式(2.294)代入式(2.296)和式(2.297)，可得

$$\tau_1 = \frac{F_2 \sqrt{3}}{2L} \tag{2.298}$$

$$\tau_2 = \frac{F_2 \sqrt{3}}{2L} \tag{2.299}$$

由式(2.298)和式(2.299)可知，代表性体积单元纵向剪切应力与横向剪切应力相等，这说明细观力学曲梁剪切模型满足剪切应力互等条件。

图 2.35 给出了三向平面编织复合材料面内剪切状态下 0°和±60°纤维束的内力和力矩，其中，N_1 为纤维束搭接界面角点处沿厚度方向的内力；N_2 和 N_3 为纤维束搭接界面角点处约束沿厚度方向旋转的内力；T_1、T_2、M_1 和 M_2 分别为 0°和±60°纤维束的内扭矩和弯矩。

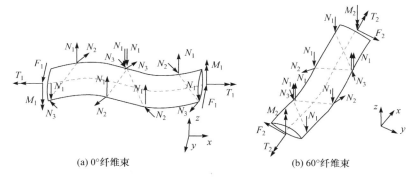

(a) 0°纤维束　　　　　　　　　　　　(b) 60°纤维束

图 2.35　三向平面编织复合材料面内剪切状态下 0°和±60°纤维束的内力和力矩

虚线表示搭接界面的边缘线

0°方向纤维束任意横截面上的弯矩和扭矩可以表示为

$$M_y(x)=\begin{cases}N_1x-\dfrac{N_3h}{4}\sin\dfrac{\pi x}{L}, & 0\leqslant x<\dfrac{L}{3}\\[3mm]\dfrac{N_1L}{3}-\dfrac{N_3h}{4}\sin\dfrac{\pi x}{L}+\dfrac{N_2h\sqrt{3}}{8}\left(2\sin\dfrac{\pi x}{L}-\sqrt{3}\right), & \dfrac{L}{3}\leqslant x<\dfrac{L}{2}\end{cases}\tag{2.300}$$

$$M_z(x)=\begin{cases}M_1-F_1x+\dfrac{N_3x\sqrt{3}}{2}, & 0\leqslant x<\dfrac{L}{3}\\[3mm]M_1-F_1x+\dfrac{N_3}{4}\left(2x\sqrt{3}+b\right)+\dfrac{N_2}{4}\left(2x+b\sqrt{3}\right), & \dfrac{L}{3}\leqslant x<\dfrac{L}{2}\end{cases}\tag{2.301}$$

$$T(x)=\begin{cases}T_1+\dfrac{F_1h}{2}\sin\dfrac{\pi x}{L}-\dfrac{N_1b}{2}-\dfrac{N_3h\sqrt{3}}{4}\sin\dfrac{\pi x}{L}, & 0\leqslant x<\dfrac{L}{3}\\[3mm]T_1+\dfrac{F_1h}{2}\sin\dfrac{\pi x}{L}-N_1b-\dfrac{N_3h\sqrt{3}}{4}\sin\dfrac{\pi x}{L}-\dfrac{N_2h}{8}\left(2\sin\dfrac{\pi x}{L}-\sqrt{3}\right), & \dfrac{L}{3}\leqslant x<\dfrac{L}{2}\end{cases}$$

$$\tag{2.302}$$

同理，60°方向纤维束任意横截面上的弯矩和扭矩可以表示为

$$M_y(x)=\begin{cases}0, & 0\leqslant x<\dfrac{L}{6}\\[3mm]-N_1\left(x-\dfrac{L}{6}\right), & \dfrac{L}{6}\leqslant x<\dfrac{L}{2}\\[3mm]\dfrac{N_1}{6}\left(6x-5L\right)+\dfrac{N_3h}{4}\cos\dfrac{\pi x}{L}, & \dfrac{L}{2}\leqslant x<\dfrac{5L}{6}\\[3mm]\dfrac{N_3h}{4}\cos\dfrac{\pi x}{L}+\dfrac{N_2h\sqrt{3}}{8}\left(\sqrt{3}-2\cos\dfrac{\pi x}{L}\right), & \dfrac{5L}{6}\leqslant x<L\end{cases}\tag{2.303}$$

$$M_z(x) = \begin{cases} M_2 - F_2 x, & 0 \leqslant x < \dfrac{L}{2} \\[2mm] M_2 - F_2 x + \dfrac{N_3}{4}\left(2x\sqrt{3} + b - L\sqrt{3}\right), & \dfrac{L}{2} \leqslant x < \dfrac{5L}{6} \\[2mm] M_2 - F_2 x + \dfrac{N_3}{4}\left(2x\sqrt{3} + b - L\sqrt{3}\right) + \dfrac{N_2}{12}\left(6x + 3b\sqrt{3} - 5L\right), & \dfrac{5L}{6} \leqslant x < L \end{cases}$$

(2.304)

$$T(x) = \begin{cases} T_2 + \dfrac{F_2 h}{2}\left(1 - \cos\dfrac{\pi x}{L}\right), & 0 \leqslant x < \dfrac{L}{6} \\[2mm] T_2 + \dfrac{F_2 h}{2}\left(1 - \cos\dfrac{\pi x}{L}\right) - \dfrac{N_1 b}{2}, & \dfrac{L}{6} \leqslant x < \dfrac{L}{2} \\[2mm] T_2 + \dfrac{F_2 h}{2}\left(1 - \cos\dfrac{\pi x}{L}\right) - \dfrac{3N_1 b}{2} + \dfrac{N_3 h\sqrt{3}}{4}\cos\dfrac{\pi x}{L}, & \dfrac{L}{2} \leqslant x < \dfrac{5L}{6} \\[2mm] T_2 + \dfrac{F_2 h}{2}\left(1 - \cos\dfrac{\pi x}{L}\right) - 2N_1 b + \dfrac{N_3 h\sqrt{3}}{4}\cos\dfrac{\pi x}{L} - \dfrac{N_2 h}{8}\left(\sqrt{3} - 2\cos\dfrac{\pi x}{L}\right), & \dfrac{5L}{6} \leqslant x < L \end{cases}$$

(2.305)

显然，式(2.300)~式(2.305)包含 7 个待定的独立参量：M_1、M_2、T_1、T_2、N_1、N_2 和 N_3，可以通过最小余能原理，建立它们与剪切外载荷之间的关系。

0°和 60°方向纤维束的余应变能可以表示为

$$U_1^* = \frac{2}{EI_y}\int_0^{\frac{L}{2}} M_y^2(x)\sqrt{1 + \left(\frac{\pi h}{2L}\cos\frac{\pi x}{L}\right)^2}\,dx + \frac{2}{EI_z}\int_0^{\frac{L}{2}} M_z^2(x)\sqrt{1 + \left(\frac{\pi h}{2L}\cos\frac{\pi x}{L}\right)^2}\,dx$$

$$+ \frac{2}{GI_p}\int_0^{\frac{L}{2}} T^2(x)\sqrt{1 + \left(\frac{\pi h}{2L}\cos\frac{\pi x}{L}\right)^2}\,dx$$

(2.306)

$$U_2^* = \frac{1}{EI_y}\int_0^{L} M_y^2(x)\sqrt{1 + \left(\frac{\pi h}{2L}\sin\frac{\pi x}{L}\right)^2}\,dx + \frac{1}{EI_z}\int_0^{L} M_z^2(x)\sqrt{1 + \left(\frac{\pi h}{2L}\sin\frac{\pi x}{L}\right)^2}\,dx$$

$$+ \frac{1}{GI_p}\int_0^{L} T^2(x)\sqrt{1 + \left(\frac{\pi h}{2L}\sin\frac{\pi x}{L}\right)^2}\,dx$$

(2.307)

式中，G 为纤维束面内剪切模量。

将式(2.300)~式(2.305)代入式(2.306)和式(2.307)，可得

$$\begin{aligned} U_1^* = {}& Q_1 F_1^2 + Q_2 M_1^2 + Q_3 T_1^2 + Q_4 N_1^2 + Q_5 N_2^2 + Q_6 N_3^2 + Q_7 F_1 M_1 + Q_8 F_1 T_1 \\ & + Q_9 F_1 N_1 + Q_{10} F_1 N_2 + Q_{11} F_1 N_3 + Q_{12} M_1 N_2 + Q_{13} M_1 N_3 + Q_{14} T_1 N_1 \\ & + Q_{15} T_1 N_2 + Q_{16} T_1 N_3 + Q_{17} N_1 N_2 + Q_{18} N_1 N_3 + Q_{19} N_2 N_3 \end{aligned}$$

(2.308)

$$U_2^* = Q_{20}F_2^2 + Q_{21}M_2^2 + Q_{22}T_2^2 + Q_{23}N_1^2 + Q_{24}N_2^2 + Q_{25}N_3^2 + Q_{26}F_2M_2 + Q_{27}F_2T_2$$
$$+ Q_{28}F_2N_1 + Q_{29}F_2N_2 + Q_{30}F_2N_3 + Q_{31}M_2N_2 + Q_{32}M_2N_3 + Q_{33}T_2N_1$$
$$+ Q_{34}T_2N_2 + Q_{35}T_2N_3 + Q_{36}N_1N_2 + Q_{37}N_1N_3 + Q_{38}N_2N_3 \tag{2.309}$$

式中，$Q_i(i=1,2,\cdots,38)$ 为中间变量，具体表达式如下：

$$Q_1 = 2(K_{11} + K_{17} + K_{27} + K_{37}) \tag{2.310}$$

$$Q_2 = 2(K_{10} + K_{16}) \tag{2.311}$$

$$Q_3 = 2(K_{26} + K_{36}) \tag{2.312}$$

$$Q_4 = 2(K_1 + K_4 + K_{28} + K_{38}) \tag{2.313}$$

$$Q_5 = 2(K_6 + K_{19} + K_{40}) \tag{2.314}$$

$$Q_6 = 2(K_3 + K_5 + K_{12} + K_{18} + K_{29} + K_{39}) \tag{2.315}$$

$$Q_7 = 2(K_{13} + K_{20}) \tag{2.316}$$

$$Q_8 = 2(K_{30} + K_{41}) \tag{2.317}$$

$$Q_9 = 2(K_{33} + K_{45}) \tag{2.318}$$

$$Q_{10} = 2(K_{24} + K_{47}) \tag{2.319}$$

$$Q_{11} = 2(K_{15} + K_{23} + K_{34} + K_{46}) \tag{2.320}$$

$$Q_{12} = 2K_{22} \tag{2.321}$$

$$Q_{13} = 2(K_{14} + K_{21}) \tag{2.322}$$

$$Q_{14} = 2(K_{31} + K_{42}) \tag{2.323}$$

$$Q_{15} = 2K_{44} \tag{2.324}$$

$$Q_{16} = 2(K_{32} + K_{43}) \tag{2.325}$$

$$Q_{17} = 2(K_8 + K_{49}) \tag{2.326}$$

$$Q_{18} = 2(K_2 + K_7 + K_{35} + K_{48}) \tag{2.327}$$

$$Q_{19} = 2(K_9 + K_{25} + K_{50}) \tag{2.328}$$

$$Q_{20} = J_9 + J_{12} + J_{18} + J_{28} + J_{31} + J_{37} + J_{47} \tag{2.329}$$

$$Q_{21} = J_8 + J_{11} + J_{17} \tag{2.330}$$

$$Q_{22} = J_{27} + J_{30} + J_{36} + J_{46} \tag{2.331}$$

$$Q_{23} = J_1 + J_2 + J_{32} + J_{38} + J_{48} \tag{2.332}$$

$$Q_{24} = J_6 + J_{20} + J_{50} \tag{2.333}$$

$$Q_{25} = J_3 + J_5 + J_{13} + J_{19} + J_{39} + J_{49} \tag{2.334}$$

$$Q_{26} = J_{10} + J_{14} + J_{21} \tag{2.335}$$

$$Q_{27} = J_{29} + J_{33} + J_{40} + J_{51} \tag{2.336}$$

$$Q_{28} = J_{35} + J_{43} + J_{55} \tag{2.337}$$

$$Q_{29} = J_{25} + J_{57} \tag{2.338}$$

$$Q_{30} = J_{16} + J_{24} + J_{44} + J_{56} \tag{2.339}$$

$$Q_{31} = J_{23} \tag{2.340}$$

$$Q_{32} = J_{15} + J_{22} \tag{2.341}$$

$$Q_{33} = J_{34} + J_{41} + J_{52} \tag{2.342}$$

$$Q_{34} = J_{54} \tag{2.343}$$

$$Q_{35} = J_{42} + J_{53} \tag{2.344}$$

$$Q_{36} = J_{59} \tag{2.345}$$

$$Q_{37} = J_4 + J_{45} + J_{58} \tag{2.346}$$

$$Q_{38} = J_7 + J_{26} + J_{60} \tag{2.347}$$

$$K_1 = \frac{1}{EI_y} \int_0^{\frac{L}{3}} x^2 \sqrt{1 + \left(\frac{\pi h}{2L}\cos\frac{\pi x}{L}\right)^2}\, \mathrm{d}x \tag{2.348}$$

$$K_2 = -\frac{h}{EI_y} \int_0^{\frac{L}{3}} x\sin\frac{\pi x}{L} \sqrt{1 + \left(\frac{\pi h}{2L}\cos\frac{\pi x}{L}\right)^2}\, \mathrm{d}x \tag{2.349}$$

$$K_3 = \frac{h^2}{16EI_y} \int_0^{\frac{L}{3}} \left(\sin\frac{\pi x}{L}\right)^2 \sqrt{1 + \left(\frac{\pi h}{2L}\cos\frac{\pi x}{L}\right)^2}\, \mathrm{d}x \tag{2.350}$$

$$K_4 = \frac{L^2}{9EI_y} \int_{\frac{L}{3}}^{\frac{L}{2}} \sqrt{1 + \left(\frac{\pi h}{2L}\cos\frac{\pi x}{L}\right)^2}\, \mathrm{d}x \tag{2.351}$$

$$K_5 = \frac{h^2}{16EI_y} \int_{\frac{L}{3}}^{\frac{L}{2}} \left(\sin\frac{\pi x}{L}\right)^2 \sqrt{1 + \left(\frac{\pi h}{2L}\cos\frac{\pi x}{L}\right)^2}\, \mathrm{d}x \tag{2.352}$$

$$K_6 = \frac{3h^2}{64EI_y} \int_{\frac{L}{3}}^{\frac{L}{2}} \left(2\sin\frac{\pi x}{L} - \sqrt{3}\right)^2 \sqrt{1 + \left(\frac{\pi h}{2L}\cos\frac{\pi x}{L}\right)^2}\, \mathrm{d}x \tag{2.353}$$

$$K_7 = -\frac{hL}{6EI_y} \int_{\frac{L}{3}}^{\frac{L}{2}} \sin\frac{\pi x}{L} \sqrt{1 + \left(\frac{\pi h}{2L}\cos\frac{\pi x}{L}\right)^2}\, \mathrm{d}x \tag{2.354}$$

$$K_8 = \frac{hL\sqrt{3}}{12EI_y} \int_{\frac{L}{3}}^{\frac{L}{2}} \left(2\sin\frac{\pi x}{L} - \sqrt{3}\right)\sqrt{1 + \left(\frac{\pi h}{2L}\cos\frac{\pi x}{L}\right)^2}\, \mathrm{d}x \tag{2.355}$$

$$K_9 = -\frac{h^2\sqrt{3}}{16EI_y}\int_{\frac{L}{3}}^{\frac{L}{2}}\left(2\sin\frac{\pi x}{L}-\sqrt{3}\right)\left(\sin\frac{\pi x}{L}\right)\sqrt{1+\left(\frac{\pi h}{2L}\cos\frac{\pi x}{L}\right)^2}\,dx \tag{2.356}$$

$$K_{10} = \frac{1}{EI_z}\int_0^{\frac{L}{3}}\sqrt{1+\left(\frac{\pi h}{2L}\cos\frac{\pi x}{L}\right)^2}\,dx \tag{2.357}$$

$$K_{11} = \frac{1}{EI_z}\int_0^{\frac{L}{3}}x^2\sqrt{1+\left(\frac{\pi h}{2L}\cos\frac{\pi x}{L}\right)^2}\,dx \tag{2.358}$$

$$K_{12} = \frac{3}{4EI_z}\int_0^{\frac{L}{3}}x^2\sqrt{1+\left(\frac{\pi h}{2L}\cos\frac{\pi x}{L}\right)^2}\,dx \tag{2.359}$$

$$K_{13} = -\frac{2}{EI_z}\int_0^{\frac{L}{3}}x\sqrt{1+\left(\frac{\pi h}{2L}\cos\frac{\pi x}{L}\right)^2}\,dx \tag{2.360}$$

$$K_{14} = \frac{\sqrt{3}}{EI_z}\int_0^{\frac{L}{3}}x\sqrt{1+\left(\frac{\pi h}{2L}\cos\frac{\pi x}{L}\right)^2}\,dx \tag{2.361}$$

$$K_{15} = -\frac{\sqrt{3}}{EI_z}\int_0^{\frac{L}{3}}x^2\sqrt{1+\left(\frac{\pi h}{2L}\cos\frac{\pi x}{L}\right)^2}\,dx \tag{2.362}$$

$$K_{16} = \frac{1}{EI_z}\int_{\frac{L}{3}}^{\frac{L}{2}}\sqrt{1+\left(\frac{\pi h}{2L}\cos\frac{\pi x}{L}\right)^2}\,dx \tag{2.363}$$

$$K_{17} = \frac{1}{EI_z}\int_{\frac{L}{3}}^{\frac{L}{2}}x^2\sqrt{1+\left(\frac{\pi h}{2L}\cos\frac{\pi x}{L}\right)^2}\,dx \tag{2.364}$$

$$K_{18} = \frac{1}{16EI_z}\int_{\frac{L}{3}}^{\frac{L}{2}}\left(2x\sqrt{3}+b\right)^2\sqrt{1+\left(\frac{\pi h}{2L}\cos\frac{\pi x}{L}\right)^2}\,dx \tag{2.365}$$

$$K_{19} = \frac{1}{16EI_z}\int_{\frac{L}{3}}^{\frac{L}{2}}\left(2x+b\sqrt{3}\right)^2\sqrt{1+\left(\frac{\pi h}{2L}\cos\frac{\pi x}{L}\right)^2}\,dx \tag{2.366}$$

$$K_{20} = -\frac{2}{EI_z}\int_{\frac{L}{3}}^{\frac{L}{2}}x\sqrt{1+\left(\frac{\pi h}{2L}\cos\frac{\pi x}{L}\right)^2}\,dx \tag{2.367}$$

$$K_{21} = \frac{1}{2EI_z}\int_{\frac{L}{3}}^{\frac{L}{2}}\left(2x\sqrt{3}+b\right)\sqrt{1+\left(\frac{\pi h}{2L}\cos\frac{\pi x}{L}\right)^2}\,dx \tag{2.368}$$

$$K_{22} = \frac{1}{2EI_z}\int_{\frac{L}{3}}^{\frac{L}{2}}\left(2x+b\sqrt{3}\right)\sqrt{1+\left(\frac{\pi h}{2L}\cos\frac{\pi x}{L}\right)^2}\,dx \tag{2.369}$$

$$K_{23} = -\frac{1}{2EI_z} \int_{\frac{L}{3}}^{\frac{L}{2}} x\left(2x\sqrt{3} + b\right)\sqrt{1 + \left(\frac{\pi h}{2L}\cos\frac{\pi x}{L}\right)^2}\,\mathrm{d}x \tag{2.370}$$

$$K_{24} = -\frac{1}{2EI_z} \int_{\frac{L}{3}}^{\frac{L}{2}} x\left(2x + b\sqrt{3}\right)\sqrt{1 + \left(\frac{\pi h}{2L}\cos\frac{\pi x}{L}\right)^2}\,\mathrm{d}x \tag{2.371}$$

$$K_{25} = \frac{1}{8EI_z} \int_{\frac{L}{3}}^{\frac{L}{2}} \left(2x\sqrt{3} + b\right)\left(2x + b\sqrt{3}\right)\sqrt{1 + \left(\frac{\pi h}{2L}\cos\frac{\pi x}{L}\right)^2}\,\mathrm{d}x \tag{2.372}$$

$$K_{26} = \frac{1}{GI_p} \int_0^{\frac{L}{3}} \sqrt{1 + \left(\frac{\pi h}{2L}\cos\frac{\pi x}{L}\right)^2}\,\mathrm{d}x \tag{2.373}$$

$$K_{27} = \frac{h^2}{4GI_p} \int_0^{\frac{L}{3}} \left(\sin\frac{\pi x}{L}\right)^2 \sqrt{1 + \left(\frac{\pi h}{2L}\cos\frac{\pi x}{L}\right)^2}\,\mathrm{d}x \tag{2.374}$$

$$K_{28} = \frac{b^2}{4GI_p} \int_0^{\frac{L}{3}} \sqrt{1 + \left(\frac{\pi h}{2L}\cos\frac{\pi x}{L}\right)^2}\,\mathrm{d}x \tag{2.375}$$

$$K_{29} = \frac{3h^2}{16GI_p} \int_0^{\frac{L}{3}} \left(\sin\frac{\pi x}{L}\right)^2 \sqrt{1 + \left(\frac{\pi h}{2L}\cos\frac{\pi x}{L}\right)^2}\,\mathrm{d}x \tag{2.376}$$

$$K_{30} = \frac{h}{GI_p} \int_0^{\frac{L}{3}} \left(\sin\frac{\pi x}{L}\right)\sqrt{1 + \left(\frac{\pi h}{2L}\cos\frac{\pi x}{L}\right)^2}\,\mathrm{d}x \tag{2.377}$$

$$K_{31} = -\frac{b}{GI_p} \int_0^{\frac{L}{3}} \sqrt{1 + \left(\frac{\pi h}{2L}\cos\frac{\pi x}{L}\right)^2}\,\mathrm{d}x \tag{2.378}$$

$$K_{32} = -\frac{h\sqrt{3}}{2GI_p} \int_0^{\frac{L}{3}} \left(\sin\frac{\pi x}{L}\right)\sqrt{1 + \left(\frac{\pi h}{2L}\cos\frac{\pi x}{L}\right)^2}\,\mathrm{d}x \tag{2.379}$$

$$K_{33} = -\frac{bh}{2GI_p} \int_0^{\frac{L}{3}} \left(\sin\frac{\pi x}{L}\right)\sqrt{1 + \left(\frac{\pi h}{2L}\cos\frac{\pi x}{L}\right)^2}\,\mathrm{d}x \tag{2.380}$$

$$K_{34} = -\frac{h^2\sqrt{3}}{4GI_p} \int_0^{\frac{L}{3}} \left(\sin\frac{\pi x}{L}\right)^2 \sqrt{1 + \left(\frac{\pi h}{2L}\cos\frac{\pi x}{L}\right)^2}\,\mathrm{d}x \tag{2.381}$$

$$K_{35} = \frac{bh\sqrt{3}}{4GI_p} \int_0^{\frac{L}{3}} \left(\sin\frac{\pi x}{L}\right)\sqrt{1 + \left(\frac{\pi h}{2L}\cos\frac{\pi x}{L}\right)^2}\,\mathrm{d}x \tag{2.382}$$

$$K_{36} = \frac{1}{GI_p} \int_{\frac{L}{3}}^{\frac{L}{2}} \sqrt{1 + \left(\frac{\pi h}{2L}\cos\frac{\pi x}{L}\right)^2}\,\mathrm{d}x \tag{2.383}$$

$$K_{37} = \frac{h^2}{4GI_p} \int_{\frac{L}{3}}^{\frac{L}{2}} \left(\sin\frac{\pi x}{L} \right)^2 \sqrt{1 + \left(\frac{\pi h}{2L} \cos\frac{\pi x}{L} \right)^2} \, dx \tag{2.384}$$

$$K_{38} = \frac{b^2}{GI_p} \int_{\frac{L}{3}}^{\frac{L}{2}} \sqrt{1 + \left(\frac{\pi h}{2L} \cos\frac{\pi x}{L} \right)^2} \, dx \tag{2.385}$$

$$K_{39} = \frac{3h^2}{16GI_p} \int_{\frac{L}{3}}^{\frac{L}{2}} \left(\sin\frac{\pi x}{L} \right)^2 \sqrt{1 + \left(\frac{\pi h}{2L} \cos\frac{\pi x}{L} \right)^2} \, dx \tag{2.386}$$

$$K_{40} = \frac{h^2}{64GI_p} \int_{\frac{L}{3}}^{\frac{L}{2}} \left(2\sin\frac{\pi x}{L} - \sqrt{3} \right)^2 \sqrt{1 + \left(\frac{\pi h}{2L} \cos\frac{\pi x}{L} \right)^2} \, dx \tag{2.387}$$

$$K_{41} = \frac{h}{GI_p} \int_{\frac{L}{3}}^{\frac{L}{2}} \left(\sin\frac{\pi x}{L} \right) \sqrt{1 + \left(\frac{\pi h}{2L} \cos\frac{\pi x}{L} \right)^2} \, dx \tag{2.388}$$

$$K_{42} = -\frac{2b}{GI_p} \int_{\frac{L}{3}}^{\frac{L}{2}} \sqrt{1 + \left(\frac{\pi h}{2L} \cos\frac{\pi x}{L} \right)^2} \, dx \tag{2.389}$$

$$K_{43} = -\frac{h\sqrt{3}}{2GI_p} \int_{\frac{L}{3}}^{\frac{L}{2}} \left(\sin\frac{\pi x}{L} \right) \sqrt{1 + \left(\frac{\pi h}{2L} \cos\frac{\pi x}{L} \right)^2} \, dx \tag{2.390}$$

$$K_{44} = -\frac{h}{4GI_p} \int_{\frac{L}{3}}^{\frac{L}{2}} \left(2\sin\frac{\pi x}{L} - \sqrt{3} \right) \sqrt{1 + \left(\frac{\pi h}{2L} \cos\frac{\pi x}{L} \right)^2} \, dx \tag{2.391}$$

$$K_{45} = -\frac{bh}{GI_p} \int_{\frac{L}{3}}^{\frac{L}{2}} \left(\sin\frac{\pi x}{L} \right) \sqrt{1 + \left(\frac{\pi h}{2L} \cos\frac{\pi x}{L} \right)^2} \, dx \tag{2.392}$$

$$K_{46} = -\frac{h^2\sqrt{3}}{4GI_p} \int_{\frac{L}{3}}^{\frac{L}{2}} \left(\sin\frac{\pi x}{L} \right)^2 \sqrt{1 + \left(\frac{\pi h}{2L} \cos\frac{\pi x}{L} \right)^2} \, dx \tag{2.393}$$

$$K_{47} = -\frac{h^2}{8GI_p} \int_{\frac{L}{3}}^{\frac{L}{2}} \left(\sin\frac{\pi x}{L} \right) \left(2\sin\frac{\pi x}{L} - \sqrt{3} \right) \sqrt{1 + \left(\frac{\pi h}{2L} \cos\frac{\pi x}{L} \right)^2} \, dx \tag{2.394}$$

$$K_{48} = \frac{bh\sqrt{3}}{2GI_p} \int_{\frac{L}{3}}^{\frac{L}{2}} \left(\sin\frac{\pi x}{L} \right) \sqrt{1 + \left(\frac{\pi h}{2L} \cos\frac{\pi x}{L} \right)^2} \, dx \tag{2.395}$$

$$K_{49} = \frac{bh}{4GI_p} \int_{\frac{L}{3}}^{\frac{L}{2}} \left(2\sin\frac{\pi x}{L} - \sqrt{3} \right) \sqrt{1 + \left(\frac{\pi h}{2L} \cos\frac{\pi x}{L} \right)^2} \, dx \tag{2.396}$$

$$K_{50} = \frac{h^2\sqrt{3}}{16GI_p} \int_{\frac{L}{3}}^{\frac{L}{2}} \left(2\sin\frac{\pi x}{L} - \sqrt{3} \right) \left(\sin\frac{\pi x}{L} \right) \sqrt{1 + \left(\frac{\pi h}{2L} \cos\frac{\pi x}{L} \right)^2} \, dx \tag{2.397}$$

$$J_1 = \frac{1}{36EI_y} \int_{\frac{L}{6}}^{\frac{L}{2}} (6x - L)^2 \sqrt{1 + \left(\frac{\pi h}{2L} \sin \frac{\pi x}{L}\right)^2} \, dx \tag{2.398}$$

$$J_2 = \frac{1}{36EI_y} \int_{\frac{L}{2}}^{\frac{5L}{6}} (6x - 5L)^2 \sqrt{1 + \left(\frac{\pi h}{2L} \sin \frac{\pi x}{L}\right)^2} \, dx \tag{2.399}$$

$$J_3 = \frac{h^2}{16EI_y} \int_{\frac{L}{2}}^{\frac{5L}{6}} \left(\cos \frac{\pi x}{L}\right)^2 \sqrt{1 + \left(\frac{\pi h}{2L} \sin \frac{\pi x}{L}\right)^2} \, dx \tag{2.400}$$

$$J_4 = \frac{h}{12EI_y} \int_{\frac{L}{2}}^{\frac{5L}{6}} \left(\cos \frac{\pi x}{L}\right)(6x - 5L) \sqrt{1 + \left(\frac{\pi h}{2L} \sin \frac{\pi x}{L}\right)^2} \, dx \tag{2.401}$$

$$J_5 = \frac{h^2}{16EI_y} \int_{\frac{5L}{6}}^{L} \left(\cos \frac{\pi x}{L}\right)^2 \sqrt{1 + \left(\frac{\pi h}{2L} \sin \frac{\pi x}{L}\right)^2} \, dx \tag{2.402}$$

$$J_6 = \frac{3h^2}{64EI_y} \int_{\frac{5L}{6}}^{L} \left(\sqrt{3} - 2\cos \frac{\pi x}{L}\right)^2 \sqrt{1 + \left(\frac{\pi h}{2L} \sin \frac{\pi x}{L}\right)^2} \, dx \tag{2.403}$$

$$J_7 = \frac{h^2\sqrt{3}}{16EI_y} \int_{\frac{5L}{6}}^{L} \left(\sqrt{3} - 2\cos \frac{\pi x}{L}\right)\left(\cos \frac{\pi x}{L}\right) \sqrt{1 + \left(\frac{\pi h}{2L} \sin \frac{\pi x}{L}\right)^2} \, dx \tag{2.404}$$

$$J_8 = \frac{1}{EI_z} \int_{0}^{\frac{L}{2}} \sqrt{1 + \left(\frac{\pi h}{2L} \sin \frac{\pi x}{L}\right)^2} \, dx \tag{2.405}$$

$$J_9 = \frac{1}{EI_z} \int_{0}^{\frac{L}{2}} x^2 \sqrt{1 + \left(\frac{\pi h}{2L} \sin \frac{\pi x}{L}\right)^2} \, dx \tag{2.406}$$

$$J_{10} = -\frac{2}{EI_z} \int_{0}^{\frac{L}{2}} x \sqrt{1 + \left(\frac{\pi h}{2L} \sin \frac{\pi x}{L}\right)^2} \, dx \tag{2.407}$$

$$J_{11} = \frac{1}{EI_z} \int_{\frac{L}{2}}^{\frac{5L}{6}} \sqrt{1 + \left(\frac{\pi h}{2L} \sin \frac{\pi x}{L}\right)^2} \, dx \tag{2.408}$$

$$J_{12} = \frac{1}{EI_z} \int_{\frac{L}{2}}^{\frac{5L}{6}} x^2 \sqrt{1 + \left(\frac{\pi h}{2L} \sin \frac{\pi x}{L}\right)^2} \, dx \tag{2.409}$$

$$J_{13} = \frac{1}{16EI_z} \int_{\frac{L}{2}}^{\frac{5L}{6}} \left(2x\sqrt{3} + b - L\sqrt{3}\right)^2 \sqrt{1 + \left(\frac{\pi h}{2L} \sin \frac{\pi x}{L}\right)^2} \, dx \tag{2.410}$$

$$J_{14} = -\frac{2}{EI_z} \int_{\frac{L}{2}}^{\frac{5L}{6}} x \sqrt{1 + \left(\frac{\pi h}{2L} \sin \frac{\pi x}{L}\right)^2} \, dx \tag{2.411}$$

$$J_{15} = \frac{1}{2EI_z} \int_{\frac{L}{2}}^{\frac{5L}{6}} \left(2x\sqrt{3} + b - L\sqrt{3}\right) \sqrt{1 + \left(\frac{\pi h}{2L} \sin\frac{\pi x}{L}\right)^2} \, dx \tag{2.412}$$

$$J_{16} = -\frac{1}{2EI_z} \int_{\frac{L}{2}}^{\frac{5L}{6}} x\left(2x\sqrt{3} + b - L\sqrt{3}\right) \sqrt{1 + \left(\frac{\pi h}{2L} \sin\frac{\pi x}{L}\right)^2} \, dx \tag{2.413}$$

$$J_{17} = \frac{1}{EI_z} \int_{\frac{5L}{6}}^{L} \sqrt{1 + \left(\frac{\pi h}{2L} \sin\frac{\pi x}{L}\right)^2} \, dx \tag{2.414}$$

$$J_{18} = \frac{1}{EI_z} \int_{\frac{5L}{6}}^{L} x^2 \sqrt{1 + \left(\frac{\pi h}{2L} \sin\frac{\pi x}{L}\right)^2} \, dx \tag{2.415}$$

$$J_{19} = \frac{1}{16EI_z} \int_{\frac{5L}{6}}^{L} \left(2x\sqrt{3} + b - L\sqrt{3}\right)^2 \sqrt{1 + \left(\frac{\pi h}{2L} \sin\frac{\pi x}{L}\right)^2} \, dx \tag{2.416}$$

$$J_{20} = \frac{1}{144EI_z} \int_{\frac{5L}{6}}^{L} \left(6x + 3b\sqrt{3} - 5L\right)^2 \sqrt{1 + \left(\frac{\pi h}{2L} \sin\frac{\pi x}{L}\right)^2} \, dx \tag{2.417}$$

$$J_{21} = -\frac{2}{EI_z} \int_{\frac{5L}{6}}^{L} x \sqrt{1 + \left(\frac{\pi h}{2L} \sin\frac{\pi x}{L}\right)^2} \, dx \tag{2.418}$$

$$J_{22} = \frac{1}{2EI_z} \int_{\frac{5L}{6}}^{L} \left(2x\sqrt{3} + b - L\sqrt{3}\right) \sqrt{1 + \left(\frac{\pi h}{2L} \sin\frac{\pi x}{L}\right)^2} \, dx \tag{2.419}$$

$$J_{23} = \frac{1}{6EI_z} \int_{\frac{5L}{6}}^{L} \left(6x + 3b\sqrt{3} - 5L\right) \sqrt{1 + \left(\frac{\pi h}{2L} \sin\frac{\pi x}{L}\right)^2} \, dx \tag{2.420}$$

$$J_{24} = -\frac{1}{2EI_z} \int_{\frac{5L}{6}}^{L} x\left(2x\sqrt{3} + b - L\sqrt{3}\right) \sqrt{1 + \left(\frac{\pi h}{2L} \sin\frac{\pi x}{L}\right)^2} \, dx \tag{2.421}$$

$$J_{25} = -\frac{1}{6EI_z} \int_{\frac{5L}{6}}^{L} x\left(6x + 3b\sqrt{3} - 5L\right) \sqrt{1 + \left(\frac{\pi h}{2L} \sin\frac{\pi x}{L}\right)^2} \, dx \tag{2.422}$$

$$J_{26} = \frac{1}{24EI_z} \int_{\frac{5L}{6}}^{L} \left(24x\sqrt{3} + 12b - 12L\sqrt{3}\right)\left(6x + 3b\sqrt{3} - 5L\right) \sqrt{1 + \left(\frac{\pi h}{2L} \sin\frac{\pi x}{L}\right)^2} \, dx$$
$$\tag{2.423}$$

$$J_{27} = \frac{1}{GI_p} \int_{0}^{\frac{L}{6}} \sqrt{1 + \left(\frac{\pi h}{2L} \sin\frac{\pi x}{L}\right)^2} \, dx \tag{2.424}$$

$$J_{28} = \frac{h^2}{4GI_p} \int_0^{\frac{L}{6}} \left(1 - \cos\frac{\pi x}{L}\right)^2 \sqrt{1 + \left(\frac{\pi h}{2L}\sin\frac{\pi x}{L}\right)^2}\, dx \qquad (2.425)$$

$$J_{29} = \frac{h}{GI_p} \int_0^{\frac{L}{6}} \left(1 - \cos\frac{\pi x}{L}\right) \sqrt{1 + \left(\frac{\pi h}{2L}\sin\frac{\pi x}{L}\right)^2}\, dx \qquad (2.426)$$

$$J_{30} = \frac{1}{GI_p} \int_{\frac{L}{6}}^{\frac{L}{2}} \sqrt{1 + \left(\frac{\pi h}{2L}\sin\frac{\pi x}{L}\right)^2}\, dx \qquad (2.427)$$

$$J_{31} = \frac{h^2}{4GI_p} \int_{\frac{L}{6}}^{\frac{L}{2}} \left(1 - \cos\frac{\pi x}{L}\right)^2 \sqrt{1 + \left(\frac{\pi h}{2L}\sin\frac{\pi x}{L}\right)^2}\, dx \qquad (2.428)$$

$$J_{32} = \frac{b^2}{4GI_p} \int_{\frac{L}{6}}^{\frac{L}{2}} \sqrt{1 + \left(\frac{\pi h}{2L}\sin\frac{\pi x}{L}\right)^2}\, dx \qquad (2.429)$$

$$J_{33} = \frac{h}{GI_p} \int_{\frac{L}{6}}^{\frac{L}{2}} \left(1 - \cos\frac{\pi x}{L}\right) \sqrt{1 + \left(\frac{\pi h}{2L}\sin\frac{\pi x}{L}\right)^2}\, dx \qquad (2.430)$$

$$J_{34} = -\frac{b}{GI_p} \int_{\frac{L}{6}}^{\frac{L}{2}} \sqrt{1 + \left(\frac{\pi h}{2L}\sin\frac{\pi x}{L}\right)^2}\, dx \qquad (2.431)$$

$$J_{35} = -\frac{bh}{2GI_p} \int_{\frac{L}{6}}^{\frac{L}{2}} \left(1 - \cos\frac{\pi x}{L}\right) \sqrt{1 + \left(\frac{\pi h}{2L}\sin\frac{\pi x}{L}\right)^2}\, dx \qquad (2.432)$$

$$J_{36} = \frac{1}{GI_p} \int_{\frac{L}{2}}^{\frac{5L}{6}} \sqrt{1 + \left(\frac{\pi h}{2L}\sin\frac{\pi x}{L}\right)^2}\, dx \qquad (2.433)$$

$$J_{37} = \frac{h^2}{4GI_p} \int_{\frac{L}{2}}^{\frac{5L}{6}} \left(1 - \cos\frac{\pi x}{L}\right)^2 \sqrt{1 + \left(\frac{\pi h}{2L}\sin\frac{\pi x}{L}\right)^2}\, dx \qquad (2.434)$$

$$J_{38} = \frac{9b^2}{4GI_p} \int_{\frac{L}{2}}^{\frac{5L}{6}} \sqrt{1 + \left(\frac{\pi h}{2L}\sin\frac{\pi x}{L}\right)^2}\, dx \qquad (2.435)$$

$$J_{39} = \frac{3h^2}{16GI_p} \int_{\frac{L}{2}}^{\frac{5L}{6}} \left(\cos\frac{\pi x}{L}\right)^2 \sqrt{1 + \left(\frac{\pi h}{2L}\sin\frac{\pi x}{L}\right)^2}\, dx \qquad (2.436)$$

$$J_{40} = \frac{h}{GI_p} \int_{\frac{L}{2}}^{\frac{5L}{6}} \left(1 - \cos\frac{\pi x}{L}\right) \sqrt{1 + \left(\frac{\pi h}{2L}\sin\frac{\pi x}{L}\right)^2}\, dx \qquad (2.437)$$

$$J_{41} = -\frac{3b}{GI_p} \int_{\frac{L}{2}}^{\frac{5L}{6}} \sqrt{1 + \left(\frac{\pi h}{2L}\sin\frac{\pi x}{L}\right)^2}\, dx \qquad (2.438)$$

$$J_{42} = \frac{h\sqrt{3}}{2GI_{\mathrm{p}}} \int_{\frac{L}{2}}^{\frac{5L}{6}} \left(\cos\frac{\pi x}{L} \right) \sqrt{1 + \left(\frac{\pi h}{2L} \sin\frac{\pi x}{L} \right)^2} \, \mathrm{d}x \tag{2.439}$$

$$J_{43} = -\frac{3bh}{2GI_{\mathrm{p}}} \int_{\frac{L}{2}}^{\frac{5L}{6}} \left(1 - \cos\frac{\pi x}{L} \right) \sqrt{1 + \left(\frac{\pi h}{2L} \sin\frac{\pi x}{L} \right)^2} \, \mathrm{d}x \tag{2.440}$$

$$J_{44} = \frac{h^2\sqrt{3}}{4GI_{\mathrm{p}}} \int_{\frac{L}{2}}^{\frac{5L}{6}} \left(1 - \cos\frac{\pi x}{L} \right) \left(\cos\frac{\pi x}{L} \right) \sqrt{1 + \left(\frac{\pi h}{2L} \sin\frac{\pi x}{L} \right)^2} \, \mathrm{d}x \tag{2.441}$$

$$J_{45} = -\frac{3bh\sqrt{3}}{4GI_{\mathrm{p}}} \int_{\frac{L}{2}}^{\frac{5L}{6}} \left(\cos\frac{\pi x}{L} \right) \sqrt{1 + \left(\frac{\pi h}{2L} \sin\frac{\pi x}{L} \right)^2} \, \mathrm{d}x \tag{2.442}$$

$$J_{46} = \frac{1}{GI_{\mathrm{p}}} \int_{\frac{5L}{6}}^{L} \sqrt{1 + \left(\frac{\pi h}{2L} \sin\frac{\pi x}{L} \right)^2} \, \mathrm{d}x \tag{2.443}$$

$$J_{47} = \frac{h^2}{4GI_{\mathrm{p}}} \int_{\frac{5L}{6}}^{L} \left(1 - \cos\frac{\pi x}{L} \right)^2 \sqrt{1 + \left(\frac{\pi h}{2L} \sin\frac{\pi x}{L} \right)^2} \, \mathrm{d}x \tag{2.444}$$

$$J_{48} = \frac{4b^2}{GI_{\mathrm{p}}} \int_{\frac{5L}{6}}^{L} \sqrt{1 + \left(\frac{\pi h}{2L} \sin\frac{\pi x}{L} \right)^2} \, \mathrm{d}x \tag{2.445}$$

$$J_{49} = \frac{3h^2}{16GI_{\mathrm{p}}} \int_{\frac{5L}{6}}^{L} \left(\cos\frac{\pi x}{L} \right)^2 \sqrt{1 + \left(\frac{\pi h}{2L} \sin\frac{\pi x}{L} \right)^2} \, \mathrm{d}x \tag{2.446}$$

$$J_{50} = \frac{h^2}{64GI_{\mathrm{p}}} \int_{\frac{5L}{6}}^{L} \left(\sqrt{3} - 2\cos\frac{\pi x}{L} \right)^2 \sqrt{1 + \left(\frac{\pi h}{2L} \sin\frac{\pi x}{L} \right)^2} \, \mathrm{d}x \tag{2.447}$$

$$J_{51} = \frac{h}{GI_{\mathrm{p}}} \int_{\frac{5L}{6}}^{L} \left(1 - \cos\frac{\pi x}{L} \right) \sqrt{1 + \left(\frac{\pi h}{2L} \sin\frac{\pi x}{L} \right)^2} \, \mathrm{d}x \tag{2.448}$$

$$J_{52} = -\frac{4b}{GI_{\mathrm{p}}} \int_{\frac{5L}{6}}^{L} \sqrt{1 + \left(\frac{\pi h}{2L} \sin\frac{\pi x}{L} \right)^2} \, \mathrm{d}x \tag{2.449}$$

$$J_{53} = \frac{h\sqrt{3}}{2GI_{\mathrm{p}}} \int_{\frac{5L}{6}}^{L} \left(\cos\frac{\pi x}{L} \right) \sqrt{1 + \left(\frac{\pi h}{2L} \sin\frac{\pi x}{L} \right)^2} \, \mathrm{d}x \tag{2.450}$$

$$J_{54} = -\frac{h}{4GI_{\mathrm{p}}} \int_{\frac{5L}{6}}^{L} \left(\sqrt{3} - 2\cos\frac{\pi x}{L} \right) \sqrt{1 + \left(\frac{\pi h}{2L} \sin\frac{\pi x}{L} \right)^2} \, \mathrm{d}x \tag{2.451}$$

$$J_{55} = -\frac{2bh}{GI_{\mathrm{p}}} \int_{\frac{5L}{6}}^{L} \left(1 - \cos\frac{\pi x}{L} \right) \sqrt{1 + \left(\frac{\pi h}{2L} \sin\frac{\pi x}{L} \right)^2} \, \mathrm{d}x \tag{2.452}$$

$$J_{56} = \frac{h^2\sqrt{3}}{4GI_{\mathrm{p}}} \int_{\frac{5L}{6}}^{L} \left(1 - \cos\frac{\pi x}{L}\right)\left(\cos\frac{\pi x}{L}\right)\sqrt{1 + \left(\frac{\pi h}{2L}\sin\frac{\pi x}{L}\right)^2}\,\mathrm{d}x \tag{2.453}$$

$$J_{57} = -\frac{h^2}{8GI_{\mathrm{p}}} \int_{\frac{5L}{6}}^{L} \left(1 - \cos\frac{\pi x}{L}\right)\left(\sqrt{3} - 2\cos\frac{\pi x}{L}\right)\sqrt{1 + \left(\frac{\pi h}{2L}\sin\frac{\pi x}{L}\right)^2}\,\mathrm{d}x \tag{2.454}$$

$$J_{58} = -\frac{bh\sqrt{3}}{GI_{\mathrm{p}}} \int_{\frac{5L}{6}}^{L} \left(\cos\frac{\pi x}{L}\right)\sqrt{1 + \left(\frac{\pi h}{2L}\sin\frac{\pi x}{L}\right)^2}\,\mathrm{d}x \tag{2.455}$$

$$J_{59} = \frac{bh}{2GI_{\mathrm{p}}} \int_{\frac{5L}{6}}^{L} \left(\sqrt{3} - 2\cos\frac{\pi x}{L}\right)\sqrt{1 + \left(\frac{\pi h}{2L}\sin\frac{\pi x}{L}\right)^2}\,\mathrm{d}x \tag{2.456}$$

$$J_{60} = -\frac{h^2\sqrt{3}}{16GI_{\mathrm{p}}} \int_{\frac{5L}{6}}^{L} \left(\cos\frac{\pi x}{L}\right)\left(\sqrt{3} - 2\cos\frac{\pi x}{L}\right)\sqrt{1 + \left(\frac{\pi h}{2L}\sin\frac{\pi x}{L}\right)^2}\,\mathrm{d}x \tag{2.457}$$

由式(3.308)和式(3.309)可得代表性体积单元中的总余能

$$
\begin{aligned}
\varPi^* ={}& 2Q_1 F_1^2 + 2Q_2 M_1^2 + 2Q_3 T_1^2 + 4Q_{20} F_2^2 + 4Q_{21} M_2^2 + 4Q_{22} T_2^2 + (2Q_4 + 4Q_{23})N_1^2 \\
&+ (2Q_5 + 4Q_{24})N_2^2 + (2Q_6 + 4Q_{25})N_3^2 + 2Q_7 F_1 M_1 + 2Q_8 F_1 T_1 + 2Q_9 F_1 N_1 + 2Q_{10} F_1 N_2 \\
&+ 2Q_{11} F_1 N_3 + 2Q_{12} M_1 N_2 + 2Q_{13} M_1 N_3 + 2Q_{14} T_1 N_1 + 2Q_{15} T_1 N_2 + 2Q_{16} T_1 N_3 \\
&+ (2Q_{17} + 4Q_{36})N_1 N_2 + (2Q_{18} + 4Q_{37})N_1 N_3 + (2Q_{19} + 4Q_{38})N_2 N_3 + 4Q_{26} F_2 M_2 \\
&+ 4Q_{27} F_2 T_2 + 4Q_{28} F_2 N_1 + 4Q_{29} F_2 N_2 + 4Q_{30} F_2 N_3 + 4Q_{31} M_2 N_2 + 4Q_{32} M_2 N_3 \\
&+ 4Q_{33} T_2 N_1 + 4Q_{34} T_2 N_2 + 4Q_{35} T_2 N_3 \tag{2.458}
\end{aligned}
$$

利用最小余能原理，可得

$$
\begin{bmatrix} M_1 \\ T_1 \\ M_2 \\ T_2 \\ N_1 \\ N_2 \\ N_3 \end{bmatrix} = -F_1 \begin{bmatrix} 4Q_2 & 0 & 0 & 0 & 0 & 2Q_{12} & 2Q_{13} \\ 0 & 4Q_3 & 0 & 0 & 2Q_{14} & 2Q_{15} & 2Q_{16} \\ 0 & 0 & 8Q_{21} & 0 & 0 & 4Q_{31} & 4Q_{32} \\ 0 & 0 & 0 & 8Q_{22} & 4Q_{33} & 4Q_{34} & 4Q_{35} \\ 0 & 2Q_{14} & 0 & 4Q_{33} & 4(Q_4 + 2Q_{23}) & 2(Q_{17} + 2Q_{36}) & 2(Q_{18} + 2Q_{37}) \\ 2Q_{12} & 2Q_{15} & 4Q_{31} & 4Q_{34} & 2(Q_{17} + 2Q_{36}) & 4(Q_5 + 2Q_{24}) & 2(Q_{19} + 2Q_{38}) \\ 2Q_{13} & 2Q_{16} & 4Q_{32} & 4Q_{35} & 2(Q_{18} + 2Q_{37}) & 2(Q_{19} + 2Q_{38}) & 4(Q_6 + 2Q_{25}) \end{bmatrix}^{-1} \begin{bmatrix} 2Q_7 \\ 2Q_8 \\ 2Q_{26} \\ 2Q_{27} \\ 2(Q_9 + Q_{28}) \\ 2(Q_{10} + Q_{29}) \\ 2(Q_{11} + Q_{30}) \end{bmatrix}
$$
$$\tag{2.459}$$

由式(2.459)，可得

$$N_2 = C_4 F_1 \tag{2.460}$$

$$N_3 = C_5 F_1 \tag{2.461}$$

式中，C_4 和 C_5 为中间变量，可由式(3.459)求得。

将式(2.295)代入式(2.459)，再将式(2.459)代入式(2.458)，总的余能可以通过剪切外载荷 P_{s1} 表示。根据卡氏第二定理，代表性体积单元在剪切外载荷 P_{s1} 方向的相对变形量 $\varDelta_{P_{\mathrm{s1}}}$ 可以表示为

$$\Delta_{P_{s1}} = \frac{\partial \Pi^*}{\partial P_{s1}} \tag{2.462}$$

根据剪切应变的定义，三向平面编织复合材料面内剪切应变 γ 可以表示为

$$\gamma = \frac{\Delta_{P_{s1}}}{2L} \tag{2.463}$$

由式(2.296)和式(2.463)，可以推得三向平面编织复合材料的面内剪切模量：

$$G_s = \frac{\tau_1}{\gamma} = \frac{P_{s1}}{\sqrt{3}\Delta_{P_{s1}}} \tag{2.464}$$

当三向平面编织复合材料承受剪切外载荷时，代表性体积单元中的纤维束主要依靠相互搭接区域的层间剪切应力抵抗剪切外载荷。复合材料的层间剪切强度较低，因此，三向平面编织复合材料在承受面内剪切载荷时，纤维束相互搭接区域是最薄弱部位，由其决定面内剪切强度；另外，三向平面编织复合材料纤维束相互搭接区域脱粘问题在文献[36]中的扫描电镜试验有相关报道。

由图 2.35 可知，在纤维束搭接界面处由约束内力 N_2 和 N_3 引起的扭矩可以表示为

$$T_3 = b\left(N_2 + N_3\sqrt{3}\right) \tag{2.465}$$

式中，T_3 为纤维束搭接界面处由约束内力 N_2 和 N_3 引起的扭矩。

将式(2.460)和式(2.461)代入式(2.465)，可得

$$T_3 = bF_1\left(C_4 + C_5\sqrt{3}\right) \tag{2.466}$$

根据材料力学理论，在纤维束搭接界面处的最大层间剪切应力可以表示为

$$\tau_{\max} = \frac{T_3}{W_p} \tag{2.467}$$

式中，τ 为纤维束搭接界面处的最大层间剪切应力。

将式(2.247)和式(2.466)代入式(2.467)，可得

$$\tau_{\max} = \frac{3bF_1}{4\alpha w^3}\left(C_4 + C_5\sqrt{3}\right) \tag{2.468}$$

根据最大应力准则，由式(2.468)，可以推得纤维束搭接界面处失效时 0° 方向纤维束承受的最大剪切外载荷：

$$\frac{3bF_{1,\mathrm{cr}}}{4\alpha w^3}\left(C_4 + C_5\sqrt{3}\right) = S_0 \tag{2.469}$$

即

$$F_{1,\mathrm{cr}} = \frac{4S_0\alpha w^3}{3b\left(C_4 + C_5\sqrt{3}\right)} \tag{2.470}$$

式中，$F_{1,\text{cr}}$ 为 0°方向纤维束最大失效剪切外载荷；S_0 为纤维束搭接界面层间剪切强度。

由式(2.295)、式(2.298)或式(2.299)、式(2.470)，可知三向平面编织复合材料的面内剪切强度：

$$S = \frac{\sqrt{3}}{4L} F_{1,\text{cr}} = \frac{\sqrt{3}\alpha S_0 w^3}{3bL\left(C_4 + C_5\sqrt{3}\right)} \tag{2.471}$$

式中，S 为三向平面编织复合材料的面内剪切强度。

三向平面编织复合材料 T300/Hexel8552 的纤维束编织几何参数与力学性能如表 2.15 所示，剪切模量和强度试验值如表 2.17 所示[31]。以表 2.15 中的基本参数作为输入数据，利用式(2.464)和式(2.471)，可分别求得该材料的剪切模量和强度(表 2.17)，从表 2.17 可知，三向平面编织复合材料剪切模量和强度的理论预测值与试验结果之间的相对偏差分别为 6.97%和 20.44%，由此可见，三向平面编织复合材料剪切性能解析模型预测结果与试验数据吻合良好。

表 2.17　三向平面编织复合材料剪切模量和强度

剪切模量和强度		T300/Hexel8552
G_s	试验值/(N/mm)	777.1[31]
	预测值/(N/mm)	831.3
	相对偏差/%	6.97
S	试验值/(N/mm)	5.04[31]
	预测值/(N/mm)	6.07
	相对偏差/%	20.44

2.7　三向平面编织复合材料性能优化

为了对三向平面编织复合材料设计方案进行优化，利用前面提出的拉伸模量和强度解析模型以及经典层合板理论，以拉伸模量和拉伸强度作为优化目标，以纤维束波动长度 L、纤维束宽度 w 和纤维束高度 h 为优化变量，其具体取值范围为[37]

$$\begin{cases} \min\left(1/E_{\text{t}}(L,w,h),\,1/X_{\text{t}}(L,w,h)\right) \\ \text{约束：} L \geqslant \sqrt{3}w \\ \text{变量范围：} \begin{cases} 0\text{mm} < L \leqslant 50\text{mm} \\ 0\text{mm} < w \leqslant 10\text{mm} \\ 0\text{mm} < h \leqslant 2\text{mm} \end{cases} \end{cases} \tag{2.472}$$

$$\begin{cases} \min\left(1/E_t\left(L,w,h\right),1/X_t\left(L,w,h\right)\right) \\ L = n\left(50-\sqrt{3}w\right)+\sqrt{3}w \\ \text{变量范围}: \begin{cases} n \in \left[0,\ 1\right] \\ 0\text{mm}<w \leqslant 10\text{mm} \\ 0\text{mm}<h \leqslant 2\text{mm} \end{cases} \end{cases} \quad (2.473)$$

式(2.472)和式(2.473)分别给出了三向平面编织复合材料有约束和无约束的多目标优化模型；优化变量的选取范围是考虑了实际应用三向平面编织复合材料可能存在的情况；约束条件的引入是为了满足几何上的合理性，保证设计方案具有可制备性。目前，纤维增强复合材料材料的制备精度水平为 10^{-2}mm，也可以实现更高的精度，但成本高昂。选取的优化变量的间隔为 10^{-10}mm，虽然超出了目前的制备水平，但可以保证优化流程寻求所有的最优设计方案，图 2.36 给出了优化流程；图 2.37 给出了三向平面编织复合材料的优化结果，由图 2.37 可知，优化细观几何参数可以显著提高拉伸模量和拉伸强度。

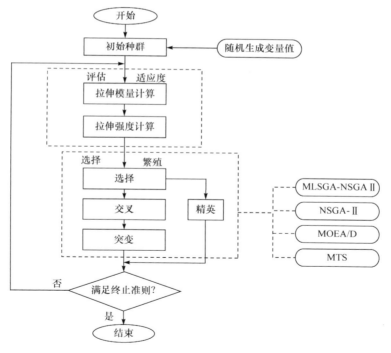

图 2.36　优化流程

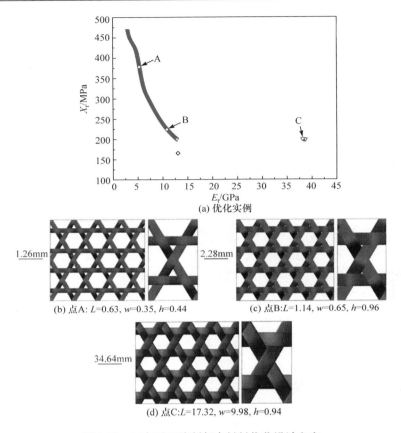

(a) 优化实例

(b) 点A: L=0.63, w=0.35, h=0.44　　　　　(c) 点B:L=1.14, w=0.65, h=0.96

(d) 点C:L=17.32, w=9.98, h=0.94

图 2.37　三向平面编制复合材料优化设计方案

参 考 文 献

[1] Saka K, Harding J. A simple laminate theory approach to the prediction of the tensile impact strength of woven hybrid composites. Composites, 1990, 21(5): 439-447.

[2] Carey J, Munro M, Fahim A. Longitudinal elastic modulus prediction of a 2-D braided fiber composite. Journal of Reinforced Plastics and Composites, 2003, 22 (9): 813-831.

[3] Ishikawa T, Chou T W. Elastic behavior of woven hybrid composites. Journal of Composite Materials, 1982, 16(1): 2-19.

[4] Ishikawa T, Chou T W. One dimensional micro-mechanical analysis of woven fabric composites. AIAA Journal, 1983, 21: 1714-1721.

[5] Naik N K, Shembekar P S. Elastic behavior of woven fabric composites: I-lamina analysis. Journal of Composite Material, 1992, 26(15): 2196-2224.

[6] Kollegal M G, Sridharan S. Simplified model for plain woven fabrics. Journal of Composite Materials, 2000, 34(20): 1756-1786.

[7] Sheng S Z, Hoa V S. Three dimensional micro-mechanical modeling of woven fabric composites.

Journal of Composite Materials, 2003, 37(9): 763-789.

[8] Xiong J J, Shenoi R A. General aspects on structural integrity. Chinese Journal of Aeronautics, 2019, 32(1): 114-132.

[9] Xiong J J, Shenoi R A, Cheng X. A modified micromechanical curved beam analytical model to predict the tension modulus of 2D plain weave fabric composites. Composites Part B, 2009, 40: 776-783.

[10] Cheng X, Xiong J J, Bai J B. Analytical solution for predicting in-plane elastic shear properties of 2D orthogonal PWF composites. Chinese Journal of Aeronautics, 2012, 25 (4): 575-583.

[11] Xiong J J, Shenoi R A, Gao J. An analytical model to predict residual thermal stress in 2D orthogonal plain weave fabric composites. Journal of Solids and Structures, 2009, 46: 1872-1883.

[12] Bai J B, Xiong J J, Shenoi R A, et al. A micromechanical model for predicting biaxial tensile moduli of plain weave fabric composites. The Journal of Strain Analysis for Engineering Design, 2017, 52(5): 333-343.

[13] Naik N K, Tiwari S I, Kumar R S. An analytical model for compressive strength of plain weave fabric composites. Composites Science and Technology, 2003, 63(5): 609-625.

[14] 单辉祖. 材料力学. 北京: 高等教育出版社, 2003.

[15] Nguyen M, Herzberg I, Paton R. The shear properties of carbon fabric. Composite Structures, 1999, 47: 767-779.

[16] Sun H Y, Pan N. Shear deformation analysis for woven fabrics. Composite Structures, 2005, 67(3): 317-322.

[17] Gascoigne H E. Residual surface stress in laminated cross-ply fibre-epoxy composite materials. Experimental Mechanics, 1994, 34: 27-36.

[18] Ifju P G, Niu X, Kilday B C, et al. Residual stress measurement in composite using the cure-referencing method. Experimental Mechanics, 2000, 40: 22-30.

[19] Lorentzen T, Clarke A P. Thermomechanically induced residual strains in Al/SiCp metal-matrix composites. Composites Science and Technology, 1998, 58: 345-353.

[20] Benedikt B, Kumosa M, Predecki P K, et al. An analysis of residual thermal stress in a unidirectional graphite/PMR-15 composite based on X-ray diffraction measurements. Composites Science and Technology, 2001, 61: 1977-1994.

[21] Ruiz E, Trochu F. Numerical analysis of cure temperature and internal stresses in thin and thick RTM parts. Composites Part A, 2005, 36 (6): 806-826.

[22] Stone M A, Schwartz I F, Chandler H D. Residual stress associated with post-cure shrinkage in GRP tubes. Composites Science and Technology, 1997, 57: 47-54.

[23] Olivier P, Cottu J P. Optimisation of the co-curing of two different composites with the aim of minimising residual curing stress levels. Composites Science and Technology, 1998, 58: 645-651.

[24] Adali G S, Verijenko V E. Optimal temperature profiles for minimum residual stress in the cure process of polymer composites. Composite Structures, 2000, 48: 99-106.

[25] Quaglini V, Corazza C, Poggi C. Experimental characterization of orthotropic technical textiles under uniaxial and biaxial loading. Composites Part A, 2008, 39: 1331-1342.

[26] Shi T, Chen W, Gao C, et al. Biaxial strength determination of woven fabric composite for airship

structural envelope based on novel specimens. Composite Structure, 2018, 184: 1126-1136.

[27] Cai D, Tang J, Zhou G, et al. Failure analysis of plain woven glass/epoxy laminates: Comparison of off-axis and biaxial tension loadings. Polymer Testing, 2017, 60: 307-320.

[28] Escárpita D A A, David A. Experimental investigation of textile composites strength subject to biaxial tensile loads. Monterrey: Instituto Tecnológico de Estudios Superiores de Monterrey, 2011.

[29] Liu Z, Zhu C, Zhu P, et al. Reliability-based design optimization of composite battery box based on modified particle swarm optimization algorithm. Composite Structures, 2018, 204: 239-255.

[30] Bai J B, Xiong J J, Shenoi R A, et al. Analytical solutions for predicting tensile and in-plane shear strengths of triaxial weave fabric composites. International Journal of Solids and Structures, 2017, 120: 199-212.

[31] Kuth A B H, Pellegrino S. Triaxial weave fabric composites. Cambridge: University of Cambridge, 2007.

[32] Aoki T, Yoshida K, Watanabe A. Feasibility study of triaxially-woven fabric composite for deployable structures//The 48th AIAA/ASME/ASCE/AHS/ASC Structures, Structural Dynamics and Materials Conference, Honolulu, 2007.

[33] Zhao Q, Hoa S V, Ouellette P. Progressive failure of triaxial woven fabric (TWF) composites with open holes. Composite Structures, 2004, 65(3-4): 419-431.

[34] Aoki T, Yoshida K. Mechanical and thermal behaviors of triaxially-woven carbon/epoxy fabric composite//The 47th AIAA/ASME/ASCE/AHS/ASC Structures, Structural Dynamics and Materials Conference, Newport, 2006.

[35] Zhao L J. Micromechanics study on damage and interlaminar short fiber toughening of composite laminates. Shenyang: Northeastern University, 2010.

[36] Kosugi Y, Aoki T, Watanabe A. Fatigue characteristic and damage accumulation mechanism of triaxially-woven fabric composite//The 52nd AIAA/ASME/ASCE/AHS/ASC Structures, Structural Dynamics and Materials Conference, Denver, 2011.

[37] Wang Z Z, Bai J B, Sobey A, et al. Optimal design of triaxial weave fabric composites under tension. Composite Structures, 2018, 201: 616-624.

第 3 章　平面编织复合材料渐进损伤算法

3.1　复合材料静力失效判据与刚度退化准则

各向异性复合材料存在多种失效模式，失效机理比金属材料更复杂，为判断各种失效模式对最终失效的影响，Hill[1]最先将 Mises 准则推广到复合材料中，用作复合材料的屈服判据。在此基础上，Tsai[2]采用复合材料单层强度建立失效判据，称为 Tsai-Hill 判据：

$$\frac{\sigma_1^2}{X_1^2} - \frac{\sigma_1\sigma_2}{X_1 X_2} + \frac{\sigma_2^2}{X_2^2} + \frac{\sigma_{12}^2}{X_{12}^2} = 1 \tag{3.1}$$

式中，σ_1 为纵向正应力；σ_2 为横向正应力；σ_{12} 为面内剪切应力；X_1、X_2 和 X_{12} 分别为复合材料单层的纵向和横向强度及面内剪切强度。

为保证强度预测与试验结果的一致性，Tsai 和 Wu[3]扩充了方程中的项数，提出以张量形式表示的新失效判据：

$$F_1\sigma_1 + F_2\sigma_2 + F_{11}\sigma_1^2 + F_{22}\sigma_2^2 + F_{66}\sigma_6^2 + 2F_{12}\sigma_1\sigma_2 = 1 \tag{3.2}$$

式中

$$F_1 = \frac{1}{X_{1t}} - \frac{1}{X_{1c}} \tag{3.3}$$

$$F_2 = \frac{1}{X_{2t}} - \frac{1}{X_{2c}} \tag{3.4}$$

$$F_{11} = \frac{1}{X_{1t} X_{1c}} \tag{3.5}$$

$$F_{22} = \frac{1}{X_{2t} X_{2c}} \tag{3.6}$$

$$F_{66} = \frac{1}{X_{12}^2} \tag{3.7}$$

$$F_{12} = \frac{-\sqrt{F_{11} F_{22}}}{2} \tag{3.8}$$

$$\sigma_6 = \sigma_{12} \tag{3.9}$$

式中，X_{1t} 和 X_{1c} 分别为复合材料单层的纵向拉伸和压缩强度；X_{2t} 和 X_{2c} 分别为复合材料单层的横向拉伸和压缩强度。

考虑到复合材料纤维和基体有不同的失效模式，Hashin[4]提出了单向纤维增强复合材料层合板的失效判据，即

经向纤维拉伸断裂：

$$\left(\frac{\sigma_{11}}{X_{1t}}\right)^2 + \left(\frac{\sigma_{12}}{X_{12}}\right)^2 + \left(\frac{\sigma_{13}}{X_{13}}\right)^2 = 1, \quad \sigma_{11} > 0 \tag{3.10}$$

经向纤维压缩屈曲：

$$\left(\frac{\sigma_{11}}{X_{1c}}\right)^2 = 1, \quad \sigma_{11} < 0 \tag{3.11}$$

纬向纤维拉伸断裂：

$$\left(\frac{\sigma_{22}}{X_{2t}}\right)^2 + \left(\frac{\sigma_{12}}{X_{12}}\right)^2 + \left(\frac{\sigma_{13}}{X_{13}}\right)^2 = 1, \quad \sigma_{22} > 0 \tag{3.12}$$

纬向纤维压缩屈曲：

$$\left(\frac{\sigma_{22}}{X_{2c}}\right)^2 = 1, \quad \sigma_{22} < 0 \tag{3.13}$$

基体拉伸开裂：

$$\frac{\left(\sigma_{22}+\sigma_{33}\right)^2}{X_{2t}^2} + \frac{\sigma_{12}^2+\sigma_{13}^2}{X_{12}^2} + \frac{\sigma_{23}^2-\sigma_{22}\sigma_{33}}{X_{23}^2} \geqslant 1, \quad \sigma_{22}+\sigma_{33} \geqslant 0 \tag{3.14}$$

基体压缩开裂：

$$\frac{1}{X_{2c}}\left[\left(\frac{X_{2c}}{2X_{23}}\right)^2 - 1\right](\sigma_{22}+\sigma_{33}) + \frac{1}{4X_{23}^2}(\sigma_{22}+\sigma_{33})^2$$
$$+ \frac{\sigma_{12}^2+\sigma_{13}^2}{X_{12}^2} + \frac{\sigma_{23}^2-\sigma_{22}\sigma_{33}}{X_{23}^2} \geqslant 1, \quad \sigma_{22}+\sigma_{33} < 0 \tag{3.15}$$

纤维-基体剪切脱胶：

$$\frac{\sigma_{11}^2}{X_{1c}^2} + \frac{\sigma_{12}^2}{X_{12}^2} + \frac{\sigma_{13}^2}{X_{13}^2} = 1, \quad \sigma_{22} < 0 \tag{3.16}$$

初始层间分层形成：

$$\frac{\sigma_{33}^2}{X_{3t}^2} + \frac{\sigma_{13}^2}{X_{13}^2} + \frac{\sigma_{23}^2}{X_{23}^2} \geqslant 1, \quad \sigma_{33} \geqslant 0 \tag{3.17}$$

X_t 和 X_c 分别为各向同性基体材料的拉伸和压缩强度。

上述失效判据都是针对复合材料特定失效问题提出的，有各自的优势和缺

点,Tsai-Wu 判据能有效地预测复合材料的失效,但不适合预报失效模式,而 Hashin 判据则更适合识别失效模式,但不能预报复合材料层合板的分层扩展和平面编织复合材料的撕裂失效。为识别复合材料层合板的层间分层扩展,Benzeggagh 和 Kenane[5]提出了混合分层扩展模式的能量判据(即 B-K 判据):

$$G_{\text{eq,C}} = G_{\text{IC}} + \left(G_{\text{IIC}} - G_{\text{IC}}\right)\left(\frac{G_{\text{II}} + G_{\text{III}}}{G_{\text{I}} + G_{\text{II}} + G_{\text{III}}}\right)^{\eta} \tag{3.18}$$

式中,η 为幂因子,需要根据复合材料分层试验数据拟合获得。

复合材料局部失效以及局部失效后的性能不断劣化是一种渐进过程。通过渐进损伤或局部失效分析,评估结构极限承载能力,是损伤容限评估的重要内容。危险部位失效使得载荷重新分配,不同失效模式将导致复合材料相应刚度的降低,承载能力变弱,直到不能承力为止。在复合材料渐进损伤分析过程中,复合材料局部失效后的性能退化表征或描述是重要前提条件,经过大量有限元模拟和试验验证,在工程上,人们已积累了复合材料性能退化的经验。单向带、编织布、平面编织复合材料、蜂窝芯材和金属材料的失效模式及材料性能退化准则分别如表 3.1～表 3.5 所示。

表 3.1 单向带失效模式及材料性能退化准则

失效模式	E_{11}	E_{22}	E_{33}	G_{12}	G_{13}	G_{23}	μ_{12}	μ_{13}	μ_{23}
纤维断裂	0.001	0.001	0.001	0.001	0.001	0.001	0.01	0.01	0.01
基体开裂	1	0.001	1	0.01	1	0.01	0.1	1	0.1
纤维-基体剪切脱胶	1	0.01	1	0.01	1	1	1	1	1

表 3.2 编织布失效模式及材料性能退化准则

失效模式	E_{11}	E_{22}	E_{33}	G_{12}	G_{13}	G_{23}	μ_{12}	μ_{13}	μ_{23}
经向纤维断裂	0.01	1	1	0.01	0.01	1	0.01	0.01	1
纬向纤维断裂	1	0.01	1	0.01	1	0.01	0.01	1	0.01

表 3.3 平面编织复合材料失效模式及材料性能退化准则

失效模式	E_{11}	E_{22}	E_{33}	G_{12}	G_{13}	G_{23}	μ_{12}	μ_{13}	μ_{23}
经向或纬向纤维拉伸断裂	0.1	0.1	0.1	0.1	0.1	0.1	0.1	0.1	0.1
经向或纬向纤维压缩断裂	0.1	0.1	0.1	0.1	0.1	0.1	0.1	0.1	0.1
基体拉伸开裂	0.1	0.1	0.1	0.1	0.1	0.1	0.1	0.1	0.1
基体压缩开裂	0.1	0.1	0.1	0.1	0.1	0.1	0.1	0.1	0.1
纤维-基体剪切脱胶	1	1	0.1	1	0.1	0.1	1	1	1
层间分层形成	1	1	0.01	1	0.01	0.01	1	1	1

表 3.4　蜂窝芯材失效模式及材料性能退化准则

失效模式	E_{11}	E_{22}	E_{33}	G_{12}	G_{13}	G_{23}	μ_{12}	μ_{13}	μ_{23}
z 向压缩失效	1	1	0.01	1	1	1	1	1	1
横向 13 剪切失效	1	1	1	1	0.01	1	1	1	1
横向 23 剪切失效	1	1	1	1	1	0.01	1	1	1

表 3.5　金属材料失效模式及材料性能退化准则

失效模式	E	μ
失效	0.01	0.01

3.2　平面编织复合材料撕裂阻力

　　在加工和使用过程中,柔性平面编织复合材料可能存在内部缺陷或表面划伤。在载荷作用下,这些损伤可能引起柔性平面编织复合材料的撕裂,导致灾难性结构失效。因此,研究柔性平面编织复合材料撕裂阻力,用于柔性平面编织复合材料结构的损伤容限设计,对保障其结构安全性至关重要[6,7]。

　　承受面内纵向和横向拉伸应力 σ_1 和 σ_2 的无限大平面编织复合材料层合板,板中心区域含有长度为 $2a$ 、角度为 β 的切口(图 3.1),则切口应力强度因子可表达为

$$\begin{cases} K_{\mathrm{I}} = (\sin^2 \beta + \alpha \cos^2 \beta)\sigma\sqrt{\pi a} \\ K_{\mathrm{II}} = [(1-\alpha)\sin\beta\cos\beta]\sigma\sqrt{\pi a} \end{cases} \tag{3.19}$$

式中,$\sigma = \sigma_1$,α 是 σ_2 与 σ_1 之比,即 $\sigma_2 = \alpha\sigma$。

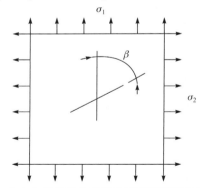

图 3.1　含中心斜切口的无限大平面编织复合材料平板

　　根据最大环向应力准则,I 和 II 型载荷联合作用下裂纹的断裂判据为

$$\left(K_{\mathrm{I}}\cos^2\frac{\theta_0}{2} - \frac{3}{2}K_{\mathrm{II}}\sin\theta_0 \right)\cos\frac{\theta_0}{2} < K_{\mathrm{IC}} \tag{3.20}$$

式中，K_{IC} 为材料 I 型断裂韧性；θ_0 是撕裂方向与裂纹方向之间的夹角，可表示为

$$K_I \sin\theta_0 + K_{II}(3\cos\theta_0 - 1) = 0 \tag{3.21}$$

将式(3.21)代入式(3.20)，得

$$\left\{ (\sin^2\beta + \alpha\cos^2\beta)\cos^2\frac{\theta_0}{2} - \frac{3}{2}[(1-\alpha)\sin\beta\cos\beta]\sin\theta_0 \right\}\cos\left(\frac{\theta_0}{2}\right)\sigma\sqrt{\pi a} < K_{IC}$$

$$\tag{3.22}$$

由式(3.22)可得到含缺口无限大平板撕裂阻力表达式：

$$\sigma < K_{IC} \left/ \left\{ \sqrt{\pi a}\left[(\sin^2\beta + \alpha\cos^2\beta)\cos^2\frac{\theta_0}{2} - \frac{3}{2}(1-\alpha)\sin\beta\cos\beta\sin\theta_0 \right]\cos\frac{\theta_0}{2} \right\}\right.$$

$$\tag{3.23}$$

式(3.23)适用于各向同性材料。对于双向正交、且两主方向材料性质相同的平面结构，可忽略其他方向材料性质的差异性，故式(3.23)在此种情况下同样适用。

采用含边缘切口平面编织复合材料试验件进行拉伸载荷下的 I 型断裂试验，测定式(3.23)中的断裂韧性，此时，在拉伸载荷作用下，含边缘切口平面编织复合材料的撕裂阻力等于载荷-位移曲线的峰值与材料切口处净面积之比，即

$$\sigma_C = \frac{P_{max}}{S_{net}} \tag{3.24}$$

根据线弹性断裂力学知识，断裂韧性计算公式为

$$K_{IC} = \sigma_C Y(a)\sqrt{\pi a} \tag{3.25}$$

$$Y(a) = 1.99 - 0.41\left(\frac{a}{b}\right) + 18.70\left(\frac{a}{b}\right)^2 - 38.48\left(\frac{a}{b}\right)^3 + 53.85\left(\frac{a}{b}\right)^4 \tag{3.26}$$

式中，a 为裂纹长度；σ_C 为平面编织复合材料撕裂时外界施加的应力；b 为边缘缺口试验件宽度；$Y(a)$ 为应力强度因子形状尺寸修正系数。

对于脆性断裂过程，载荷-位移曲线在上升段保持线性，此时，可选取峰值载荷对应的应力，作为临界断裂应力；如果载荷-位移曲线在上升段呈现明显非线性，可选取曲线斜率相对于初始斜率变化 5%对应的应力水平，作为临界断裂应力。

联立式(3.23)和式(3.25)，可以得到含任意中心斜切口的平面编织复合材料的撕裂阻力。

大气室温环境下，在 MTS-100 kN 液压伺服试验机上，沿经向对含边缘缺口的凯夫拉纤维增强/热塑性聚氨酯平纹薄膜试验件(图 3.2 和图 3.3)施加拉伸载荷，加载速率为 3mm/min，记录载荷-位移曲线(图 3.4)。从图 3.4 可看出，在拉伸失效前，载荷-位移曲线近似线性，并且存在不稳定裂纹扩展过程，也就是说，在载荷-位移曲线上存在多个跳跃点，这些跳跃点表明损伤扩展，正是损伤扩展导致载荷-位移曲线上载荷的下降；在接近最大拉伸载荷时，载荷-位移曲线出现较大的载荷

突降，试验件发生断裂。边缘切口试验件拉伸断裂失效过程如图 3.5 所示，试验测定的断裂载荷如表 3.6 所示。

图 3.2　凯夫拉纤维增强/热塑性聚氨酯平纹薄膜

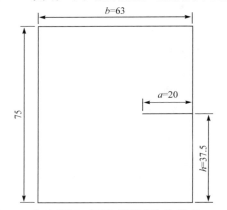

图 3.3　含边缘切口平纹薄膜试验件(单位：mm)

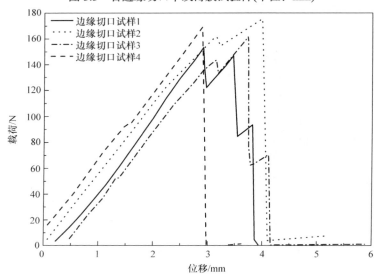

图 3.4　边缘切口试验件拉伸载荷-位移曲线

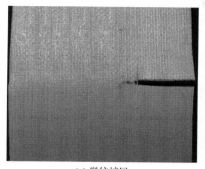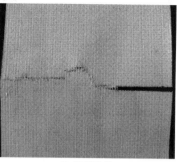

(a) 裂纹扩展　　　　　　　　　　　　(b) 断裂失效

图 3.5　边缘切口试验件拉伸断裂失效过程

表 3.6　边缘切口试验件拉断裂载荷

	试验件 1	试验件 2	试验件 3	试验件 4	平均值
断裂载荷/ N	156.0	177.0	157.0	176.0	166.5

对于如图 3.3 所示的边缘切口试验件，$a/b = 0.32$，代入式(3.26)得

$$Y(a) = 1.03$$

所以，式(3.25)变为

$$K_{IC} = 1.03\sigma_C\sqrt{\pi a} \tag{3.27}$$

由表 3.6 所示数据和式(3.27)，可以得到断裂韧性：

$$K_{IC} = 1.03 \times \frac{166.5}{63 \times 0.12} \times \sqrt{20\pi} = 179.81\text{N/mm}^{3/2} \tag{3.28}$$

对于工程上目视可见长度在 1mm 左右的缺陷(即 a=0.5mm)，由式(3.23)和式(3.28)，可得撕裂阻力：

$$\sigma < 143.5\text{MPa} \tag{3.29}$$

由此可见，含 1mm 中心斜切口的柔性平面编织复合材料的撕裂阻力 143.5MPa 是完好材料测定的破坏强度 273.8MPa 的 52.4%，因此，撕裂阻力具有非常显著的缺陷敏感性，在实际工程应用中，必须给予重视。

3.3　平面编织复合材料分层阻力

根据 Irwin-Kies 断裂理论，恒载荷作用下分层扩展能量释放率与试件柔度间存在下列关系式：

$$G = \frac{1}{2}P^2\frac{\partial C}{\partial A} = \frac{1}{2W}P^2\frac{\partial C}{\partial a} \tag{3.30}$$

式中，P 为试验件分层失效载荷；W 为试验件宽度；C 为试验件柔度；a 为有效分层裂纹长度。

根据欧拉梁理论(忽略了剪应力)，可得到双悬臂梁(double cantileve beam, DCB)试验件柔度与有效分层裂纹长度之间的关系：

$$C = \frac{\delta}{P} = \frac{64\left(a + |\Delta|\right)^3}{Wh^3E_1} \tag{3.31}$$

式中，δ 为试验件张开位移；h 为试验件厚度；E_1 为试验件弯曲模量；$|\Delta|$ 为有效分层裂纹修正长度，由图 3.6 所示的最小二乘法拟合得到的柔度标定曲线确定($C = \delta/P$ 为试验件柔度)。

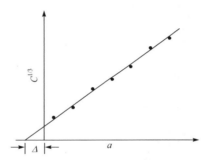

图 3.6　DCB 试验件 I 型分层开裂柔度标定曲线

联立式(3.30)和式(3.31)，可得 DCB 试验件的 I 型分层的临界应变能释放率：

$$G_{IC} = \frac{3P\delta}{2W\left(a + |\Delta|\right)} \tag{3.32}$$

对于应力比恒定的 I 型疲劳分层扩展，根据式(3.32)，可得到应变能释放率变程的计算表达式：

$$\Delta G_I = \frac{3\left(P_{max}\delta_{max} - P_{min}\delta_{min}\right)}{2W\left(a + |\Delta|\right)} = \frac{3(1 - R^2)P_{max}\delta_{max}}{2W\left(a + |\Delta|\right)} \tag{3.33}$$

式中，R 为应力比，即 P_{min}/P_{max}，P_{max} 和 P_{min} 分别为载荷循环的最大和最小载荷值；δ_{max} 和 δ_{min} 分别为对应 P_{max} 和 P_{min} 的试验件的挠度值。

联立式(3.32)和式(3.33)，可得到归一化的 I 型分层扩展应变能释放率变程(即分层扩展驱动力)：

$$\Delta G_{I,n} = \frac{\Delta G_I}{(1 - R^2)G_{IC}} = \frac{P_{max}\delta_{max}}{P_C\delta_C}\left(\frac{a_C + |\Delta|}{a + |\Delta|}\right) \tag{3.34}$$

根据式(3.31)，可得

$$\frac{\delta_{max}}{\delta_C} = \frac{P_{max}}{P_C} \left(\frac{a + |\varDelta|}{a_C + |\varDelta|} \right)^3 \tag{3.35}$$

将式(3.35)代入式(3.34)，可得到疲劳载荷控制的 I 型分层扩展的驱动力：

$$\Delta G_{I,n} = \left(\frac{a + |\varDelta|}{a_C + |\varDelta|} \right)^2 \left(\frac{P_{max}}{P_C} \right)^2 \tag{3.36}$$

同理，将式(3.35)右端 P_{max}/P_C 单独提取，并代入到式(3.34)，还可得疲劳位移控制的 I 型分层扩展的驱动力：

$$\Delta G_{I,n} = \left(\frac{a_C + |\varDelta|}{a + |\varDelta|} \right)^4 \left(\frac{\delta_{max}}{\delta_C} \right)^2 \tag{3.37}$$

同样地，根据欧拉梁理论(忽略剪应力)，可得到端部分层扩展的三点弯(three-point bend end notched flexure, 3-ENF)试验件柔度与有效分层裂纹长度之间的关系式：

$$C = \frac{\delta}{P} = \frac{2L^3 + 3a^3}{E_1 W h^3} \tag{3.38}$$

将式(3.30)代入式(3.38)，可得到 3-ENF 试验件临界应变能释放率，即断裂韧性 G_{IIC} 的表达式：

$$G_{IIC} = \frac{9 P \delta a^2}{2W \left(2L^3 + 3a^3 \right)} \tag{3.39}$$

式中，$2L$ 为 3-ENF 试验件的支座跨距。

根据式(3.38)，对于初始分层裂纹长度为 a_0 的试验件，其初始柔度值为

$$C_0 = \frac{2L^3 + 3a_0^3}{E_1 W h^3} \tag{3.40}$$

联立公式(3.38)和公式(3.40)，可得

$$a = \left[\frac{C}{C_0} a_0^3 + \frac{2}{3} \left(\frac{C}{C_0} - 1 \right) L^3 \right]^{1/3} \tag{3.41}$$

对于应力比恒定的 II 型疲劳分层扩展，根据式(3.39)，可得到应变能释放率变程的计算表达式：

$$\Delta G_{II} = \frac{9a^2 \left(P_{max} \delta_{max} - P_{min} \delta_{min} \right)}{2W(2L^3 + 3a^3)} = \frac{9(1 - R^2) P_{max} \delta_{max} a^2}{2W(2L^3 + 3a^3)} \tag{3.42}$$

联立式(3.39)和式(3.42)，可得到归一化的 II 型分层扩展应变能释放率变程(即

分层扩展驱动力):

$$\Delta G_{\mathrm{II},n} = \frac{\Delta G_{\mathrm{II}}}{(1-R^2)G_{\mathrm{IIC}}} = \frac{P_{\max}\delta_{\max}}{P_C\delta_C}\left(\frac{a}{a_C}\right)^2\left(\frac{2L^3+3a_c^3}{2L^3+3a^3}\right) \tag{3.43}$$

根据式(3.38),可得

$$\frac{\delta_{\max}}{\delta_C} = \frac{P_{\max}}{P_C}\left(\frac{2L^3+3a^3}{2L^3+3a_C^3}\right) \tag{3.44}$$

将式(3.44)代入式(3.43),可得到疲劳载荷控制的 II 型分层扩展的驱动力:

$$\Delta G_{\mathrm{II},n} = \left(\frac{aP_{\max}}{a_CP_C}\right)^2 = \left(\frac{a}{L}\right)^2\left(\frac{L}{a_C}\right)^2\left(\frac{P_{\max}}{P_C}\right)^2 \tag{3.45}$$

同理,将式(3.44)右端 $P_{\max}/P_C$ 单独提取,并代入到式(3.43),还可得疲劳位移控制的 II 型分层扩展的驱动力:

$$\Delta G_{\mathrm{II},n} = \left(\frac{a}{a_C}\right)^2\left(\frac{2L^3+3a_C^3}{2L^3+3a^3}\right)^2\left(\frac{\delta_{\max}}{\delta_C}\right)^2 = \left(\frac{a}{L}\right)^2\left(\frac{L}{a_C}\right)^2\left[\frac{2+3\left(\frac{a_C}{L}\right)^3}{2+3\left(\frac{a}{L}\right)^3}\right]^2\left(\frac{\delta_{\max}}{\delta_C}\right)^2 \tag{3.46}$$

根据式(3.45)、式(3.46)和图 3.7,给出恒幅疲劳载荷和恒幅疲劳位移控制下的 II 型分层扩展驱动力的模型,从图 3.7 可以看出,恒幅疲劳载荷控制下,分层驱动力随着分层扩展呈抛物线形式单调增加,因此,疲劳分层扩展速率也将随着疲劳循环次数越来越大;随着疲劳载荷的逐渐减小,分层扩展驱动力增长速率减缓,当 $P_{\max}/P_C$ 降至足够小时,分层驱动力 $\Delta G_{\mathrm{II},n} < 1$,意味着在整个扩展过程中分层

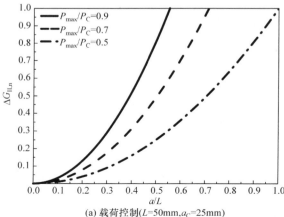

(a) 载荷控制($L=50\text{mm}, a_C=25\text{mm}$)

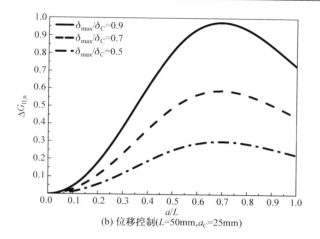

图 3.7　疲劳载荷和位移控制下的 II 型疲劳分层驱动力模型[8]

将始终保持稳定扩展，不发生失稳分层失效。与此相反，恒幅疲劳位移控制下，分层驱动力 $\Delta G_{\text{II,n}}$ 随着分层扩展长度先增加后减小，并在 $a/L \approx 0.7$ 时达到最大值；裂纹长度相同时，分层驱动力曲线将随着疲劳位移幅值的降低而整体向下平移，并向慢速扩展区逼近。由此可以看出，位移控制模式能够有效控制 II 型疲劳分层扩展应变能释放率的增长，并控制分层扩展速率在合适的范围内。

3.4　应力控制的疲劳剩余强度模型

由于复合材料疲劳损伤具有复杂性，难以用单一模型描述复合材料损伤演化，人们先后发展了各种基于刚度降、裂纹密度、裂纹长度等概念的疲劳损伤模型，然而，这些模型中的复合材料性能变量往往难以通过试验方法简便而直接测定和表征，严重制约了模型在工程实际中的应用。因此，发展简便实用的疲劳损伤表征模型是复合材料结构设计与强度分析中急需解决的难题。考虑复合材料疲劳损伤导致强度下降的物理本质和性能下降的规律，将疲劳损伤定义为与循环次数和复合材料强度相关的非线性二次函数[9-15]，随时间变化的复合材料有效强度降可表示为

$$\frac{\mathrm{d}R(n)}{\mathrm{d}n} = -\frac{f(r,s,\omega)}{R^{b-1}(n)} \tag{3.47}$$

式中，s 为应力循环最大值；ω 为加载频率；r 为应力比；n 为疲劳加载循环次数；$R(n)$ 为疲劳加载循环次数 n 下材料剩余强度。

对上式积分，得到

$$n = f(s,\omega,r)\left[R_0 - R(n)\right]^b \tag{3.48}$$

式中，R_0 为材料静强度极限。

式(3.48)表征了恒定应力水平与恒定加载频率下复合材料的强度降，对于给定的加载频率 ω 和应力比 r，$f(s,\omega,r)=f(s)$，则式(3.48)变为

$$n = f(s)\left[R_0 - R(n)\right]^b \tag{3.49}$$

式(3.49)即为剩余强度 R-疲劳应力 s-疲劳应力循环次数 n 之间关系曲面方程，称为应力控制的疲劳剩余强度模型。

根据疲劳 S-N 曲线规律，S-N 曲线常采用三参数幂函数式表示，即

$$N = C\left(S - S_0\right)^m \tag{3.50}$$

式中，C 和 m 为材料常数；S 为疲劳强度；S_0 为拟合疲劳极限。

由式(3.50)，可得

$$f(s) = C\left(s - S_0\right)^m \tag{3.51}$$

将式(3.51)代入式(3.49)，可得

$$n = C\left(s - S_0\right)^m\left[R_0 - R(n)\right]^b \tag{3.52}$$

当指定失效状态，即指定疲劳剩余强度 $R(n)$ 为一定值 R_f 时，式(3.52)变为 s-n 曲线：

$$n = C\left(s - S_0\right)^m\left(R_0 - R_f\right)^b = C_0\left(s - S_0\right)^m \tag{3.53}$$

式(3.53)与疲劳 S-N 曲线相吻合。当指定加载应力 $s = s_0$ 时，式(3.52)退化为 R-n 曲线：

$$n = C\left(s_0 - S_0\right)^m\left[R_0 - R(n)\right]^b = C_0\left(R_0 - R\right)^b \tag{3.54}$$

式(3.54)描述了疲劳剩余强度唯像试验数据的单调梯降规律。

根据材料力学的胡克定律，静强度极限 R_0 和剩余强度 $R(n)$ 可表示为

$$R_0 = E_0\varepsilon_f \tag{3.55}$$

$$R(n) = \varepsilon_f E(n) \tag{3.56}$$

式中，ε_f 为断裂应变；E_0 为初始模量；$E(n)$ 为剩余模量。

将式(3.55)和式(3.56)代入式(3.52)，得

$$n = C_0\left(s - S_0\right)^m\left[E_0 - E(n)\right]^b \tag{3.57}$$

式中，$C_0 = C\varepsilon_f^b$。

式(3.57)描述了疲劳应力 s-疲劳剩余模量 $E(n)$-疲劳应力循环数 n 三者之间

关系，称为应力控制的疲劳剩余模量模型。在指定疲劳应力 s 的条件下，剩余模量 $R(n)$ 与疲劳应变 $\varepsilon(n)$ 之间存在如下关系：

$$E(n) = \frac{s}{\varepsilon(n)} \tag{3.58}$$

将式(3.58)代入式(3.57)，可得

$$n = C_0 \left(s - S_0\right)^m \left[E_0 - \frac{s}{\varepsilon(n)}\right]^b \tag{3.59}$$

式(3.59)即为应力控制的疲劳应变模型，描述了疲劳应力 s-疲劳应变 $\varepsilon(n)$-疲劳应力循环数 n 三者之间关系。

3.5　考虑缺口和应力比效应的疲劳剩余强度模型

研究表明，缺口深度对平面编织复合材料初始剩余强度和疲劳强度产生不利影响，平面编织复合材料初始剩余强度和疲劳强度随着缺口深度的增大而单调下降，可采用单调的幂函数表达式描述[16]，即

$$R_0 = R_0^0 \left(1 - \alpha_1 d^{\beta_1}\right) \tag{3.60}$$

$$S_0 = S_0^0 \left(1 - \alpha_2 d^{\beta_2}\right) \tag{3.61}$$

式中，R_0 和 S_0 分别为缺口材料的初始剩余强度和疲劳极限；R_0^0 和 S_0^0 分别为光滑材料的初始剩余强度和疲劳极限；d 为缺口深度；α_1，β_1，α_2 和 β_2 均为材料待定常数，由缺口材料剩余强度和疲劳性能试验数据拟合得到。

将式(3.60)和式(3.61)代入式(3.52)，可得

$$n = C \left[s - S_0^0 \left(1 - \alpha_2 d^{\beta_2}\right)\right]^p \left[R_0^0 \left(1 - \alpha_1 d^{\beta_1}\right) - R(n)\right]^q \tag{3.62}$$

式(3.62)即为指定应力比下疲劳 s-n-R-d 剩余强度曲面模型的主控方程。初始剩余强度通常可以通过缺口材料的静强度简便测定，因此，在式(3.62)中的模型待定常数 α_1，β_1 和 R_0^0 可由缺口材料的剩余强度试验数据，通过线性回归确定，而其余待定常数 α_2，β_2，S_0^0，p，q 和 C 可由疲劳性能试验数据，通过最优拟合方法获得。

工程实际中，复合材料结构承受的真实疲劳载荷谱包含着大量不同应力比的载荷循环，为进行疲劳载荷谱下复合材料损伤评估和寿命估算，通常需要采用

Goodman 等寿命曲线(图3.8),将指定应力比下复合材料疲劳性能转换为任意应力比下疲劳性能,即疲劳性能的应力比修正。适合各种疲劳载荷类型(如拉-拉、压-压和拉-压等)的应力比修正 Goodman 模型为

$$\begin{cases} \dfrac{s_\mathrm{a}}{S_{-1}} + \dfrac{s_\mathrm{m}}{\sigma_\mathrm{bt}} = 1, & -1 \leqslant r \leqslant 1 \\[3mm] \dfrac{s_\mathrm{a}}{S_{-1}} + \dfrac{s_\mathrm{m}}{\sigma_\mathrm{bc}} = 1, & r < -1, r > 1 \end{cases} \tag{3.63}$$

式中,s_a 和 s_m 分别为疲劳应力幅值和均值;σ_bt 和 σ_bc 分别为材料的拉伸和压缩强度极限;S_{-1} 为对称交变应力循环下的疲劳极限;r 为应力比。

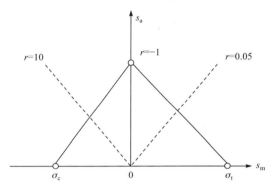

图 3.8 Goodman 等寿命曲线

根据应力比定义,可知

$$\begin{cases} s_\mathrm{a} = \dfrac{1-r}{2} s_{\mathrm{max},r} = \dfrac{1-r}{2r} s_{\mathrm{min},r} \\[3mm] s_\mathrm{m} = \dfrac{1+r}{2} s_{\mathrm{max},r} = \dfrac{1+r}{2r} s_{\mathrm{min},r} \end{cases} \tag{3.64}$$

式中,$s_{\mathrm{max},r}$ 和 $s_{\mathrm{min},r}$ 分别为应力比 r 下疲劳应力循环的最大值和最小值。

将式(3.64)代入式(3.63),则等寿命曲线模型变为

$$\begin{cases} \dfrac{(1-r)s_{\mathrm{max},r}}{2S_{-1}} + \dfrac{(1+r)s_{\mathrm{max},r}}{2\sigma_\mathrm{bt}} = 1, & -1 \leqslant r \leqslant 1 \\[3mm] \dfrac{(1-r)s_{\mathrm{min},r}}{2rS_{-1}} + \dfrac{(1+r)s_{\mathrm{min},r}}{2r\sigma_\mathrm{bt}} = 1, & r < -1, r > 1 \end{cases} \tag{3.65}$$

当 $r = r_0$ 时,式(3.65)可写为

$$\begin{cases} \dfrac{(1-r_0)s_{\max,r}}{2S_{-1}} + \dfrac{(1+r_0)s_{\max,r}}{2\sigma_{\mathrm{bt}}} = 1, \quad -1 \leqslant r_0 \leqslant 1 \\[3mm] \dfrac{(1-r_0)s_{\min,r}}{2r_0 S_{-1}} + \dfrac{(1+r_0)s_{\min,r}}{2r_0 \sigma_{\mathrm{bt}}} = 1, \quad r_0 < -1, r_0 > 1 \end{cases} \tag{3.66}$$

为简便起见，采用初始剩余强度 R_0 表示材料拉伸与压缩强度极限 σ_{bt} 和 σ_{bc}，即

$$\begin{cases} R_0 = \sigma_{\mathrm{bt}}, \quad -1 \leqslant r \leqslant 1, \ -1 \leqslant r_0 \leqslant 1 \\ R_0 = -\sigma_{\mathrm{bc}}, \quad r < -1, r > 1, \ r_0 < -1, r_0 > 1 \end{cases} \tag{3.67}$$

将式(3.67)代入式(3.65)和式(3.66)，并消去 S_{-1}，得到

$$\begin{cases} s_{\max,r_0} = \dfrac{2R_0(1-r)s_{\max,r}}{(1-r_0)\left[2rR_0 - (1+r)s_{\max,r}\right] + (1+r_0)(1-r)s_{\max,r}}, \quad -1 \leqslant r \leqslant 1, \ -1 \leqslant r_0 \leqslant 1 \\[4mm] \left|s_{\min,r_0}\right| = \dfrac{-2R_0 r_0(1-r)\left|s_{\min,r}\right|}{(1-r_0)\left[2rR_0 - (1+r)\left|s_{\min,r}\right|\right] + (1+r_0)(1-r)\left|s_{\min,r}\right|}, \quad r < -1, \ r > 1, \ r_0 < -1, \ r_0 > 1 \end{cases}$$

$$\tag{3.68}$$

将式(3.68)代入式(3.62)，可得考虑应力比效应的疲劳 s-n-R-d-r 剩余强度模型：

$$\begin{cases} n = C\left\{ \dfrac{2R_0^0\left(1-\alpha_1 d^{\beta_1}\right)(1-r)s_{\max,r}}{(1-r_0)\left[2R_0^0 r\left(1-\alpha_1 d^{\beta_1}\right) - (1+r)s_{\max,r}\right] + (1+r_0)(1-r)s_{\max,r}} \quad -1 \leqslant r \leqslant 1, \ -1 \leqslant r_0 \leqslant 1 \right. \\[4mm] \qquad \left. -S_0^0\left(1-\alpha_2 d^{\beta_2}\right) \right\}^p \left[R_0^0\left(1-\alpha_1 d^{\beta_1}\right) - R(n)\right]^q, \\[5mm] n = C\left\{ \dfrac{-2r_0 R_0^0\left(1-\alpha_1 d^{\beta_1}\right)(1-r)\left|s_{\min,r}\right|}{(1-r_0)\left[-2r R_0^0\left(1-\alpha_1 d^{\beta_1}\right) + (1+r)\left|s_{\min,r}\right|\right] - (1+r_0)(1-r)\left|s_{\min,r}\right|} \right. \\[4mm] \qquad\qquad\qquad\qquad\qquad\qquad\qquad\qquad\qquad\qquad r < -1, r > 1, \ r_0 < -1, r_0 > 1 \\[3mm] \qquad \left. -S_0^0\left(1-\alpha_2 d^{\beta_2}\right) \right\}^p \left[R_0^0\left(1-\alpha_1 d^{\beta_1}\right) - R(n)\right]^q, \end{cases}$$

$$\tag{3.69}$$

显然，式(3.69)即为考虑缺口深度和应力比效应的复合材料剩余强度与剩余寿命的模型。为验证上述疲劳剩余强度模型，采用碳纤维和玻璃纤维平面编织复合材料 3238A/CF3052 和 3238A/EW250F 层合板进行静强度和疲劳性能试验，两种层合板的铺层顺序相同，均为 $[(45/-45)/(0/90)]_{3s}$，试件形状和尺寸如图 3.9 所示，图中变量 x 表示试验件边缘缺口深度，即 2mm、3mm 和 4mm。按照 ASTM 标准 D5766-11 和 D6484-09[17,18]，分别测定了两种材料各

4 类试验件(即光滑试验件和边缘缺口深度为 2mm, 3 mm 和 4mm 缺口试验件)的静力拉伸与压缩性能；然后，按照 ASTM 标准 D7615-11 和 E739-10[19,20]，分别进行了应力比 0.05 和 10 下的恒幅疲劳性能试验，疲劳试验中，每类试验件分别进行 10^4、10^5、$5×10^5$ 和 10^6 循环次数下的成组试验，每组试验至少 5 个有效数据，当疲劳试验进行到指定循环次数，试验件未发生疲劳破坏，则进行剩余强度试验，测定试验件的剩余强度。两种材料的静力试验和疲劳试验结果分别如表 3.7 和图 3.10 所示。

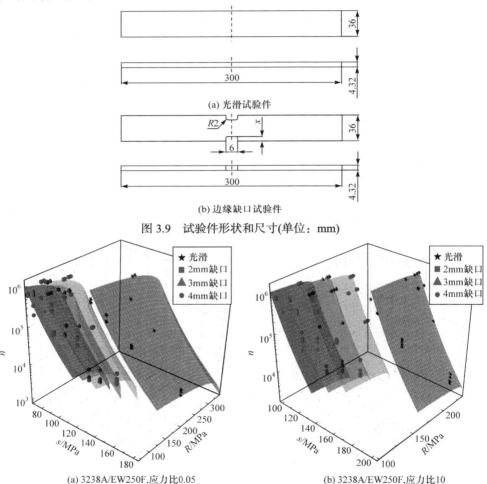

图 3.9　试验件形状和尺寸(单位：mm)

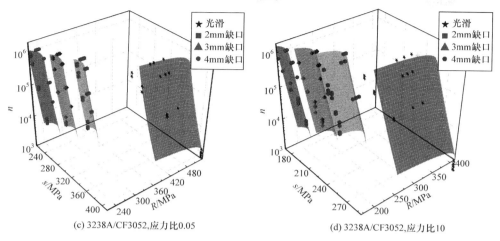

(c) 3238A/CF3052,应力比0.05

(d) 3238A/CF3052,应力比10

图 3.10 疲劳 *s-n-R* 曲面

表 3.7 初始剩余强度试验结果 （单位：MPa）

材料	载荷类型	缺口深度			
		0 mm	2 mm	3 mm	4 mm
3238A/EW250F	拉伸	349.5	210.2	190.5	179.0
	压缩	235.6	186.1	167.1	156.1
3238A/CF3052	拉伸	541.8	314.3	281.9	261.2
	压缩	417.6	284.4	231.2	202.2

由两种材料光滑试验件和边缘缺口深度为 2mm、3mm 和 4mm 缺口试验件的拉伸和压缩初始剩余强度试验数据 (d_i, R_{0i})，通过线性回归，确定模型参数 α_1，β_1 和 R_0^0；然后，再由两种材料光滑试验件和边缘缺口深度为 2mm, 3 mm 和 4mm 缺口试验件的拉-拉和压-压恒幅疲劳载荷作用下的疲劳性能试验数据 (s_i, n_i, R_i, d_i)，采用最优拟合方法，拟合模型式(3.69)中的待定参数 α_2，β_2，S_0^0，p，q 和 C。由试验数据(表 3.7 和图 3.10)拟合得到的结果如表 3.8 和图 3.10 所示，从图 3.10 可以看出，模型与试验数据吻合良好，能合理反映疲劳性能数据变化规律。

表 3.8 疲劳 *s-n-R-d-r* 剩余强度模型

材料	应力比	*s-n-R-d-r* 剩余强度模型
3238A/EW250F	$-1 \leqslant r \leqslant 1$	$n = 9.75 \times 10^{17} \left\{ \dfrac{698.90\left(1-0.33d^{0.29}\right)(1-r)}{0.95\left[698.90\left(1-0.33d^{0.29}\right)-(1+r)s\right]+1.05(1-r)s} s \right.$ $\left. -51.43\left(1-0.48d^{0.49}\right) \right\}^{-7.28} \left[349.45\left(1-0.33d^{0.29}\right)-R(n)\right]^{0.59}$

材料	应力比	s-n-R-d-r 剩余强度模型
3238A/EW250F	$r < -1$或$r > 1$	$n = 1.13 \times 10^{21} \left\{ \dfrac{4712.0\left(1 - 0.13d^{0.69}\right)(1-r)}{-9\left[471.20r\left(1-0.13d^{0.69}\right) - (1+r)s\right] + 11(1-r)s} s \right.$ $\left. -102.32\left(1-0.23d^{0.67}\right) \right\}^{-8.79} \left[235.60\left(1-0.13d^{0.69}\right) - R(n)\right]^{0.16}$
3238A/CF3052	$-1 \leqslant r \leqslant 1$	$n = 4.35 \times 10^{20} \left\{ \dfrac{1083.64\left(1 - 0.34d^{0.30}\right)(1-r)}{0.95\left[1083.64\left(1-0.34d^{0.30}\right) - (1+r)s\right] + 1.02(1-r)s} s \right.$ $\left. -313.38\left(1-0.16d^{0.81}\right) \right\}^{-8.87} \left[541.82\left(1-0.34d^{0.30}\right) - R(n)\right]^{0.32}$
	$r < -1$或$r > 1$	$n = 4.60 \times 10^{69} \left\{ \dfrac{8352.6\left(1 - 0.20d^{0.70}\right)(1-r)}{-9\left[835.26r\left(1-0.20d^{0.70}\right) - (1+r)s\right] + 11(1-r)s} s \right.$ $\left. -97.35\left(1-0.31d^{0.72}\right) \right\}^{-29.20} \left[417.63\left(1-0.20d^{0.70}\right) - R(n)\right]^{0.30}$

3.6　疲劳载荷谱作用下复合材料结构渐进损伤算法

由式(3.69)，可得施加 n 次疲劳应力循环后的剩余强度：

$$
\begin{cases}
R(n) = R_0^0\left(1 - \alpha_1 d^{\beta_1}\right) - \left\{ \dfrac{2R_0^0\left(1 - \alpha_1 d^{\beta_1}\right)(1-r)s_{\max,r}}{(1-r_0)\left[2R_0^0 r\left(1-\alpha_1 d^{\beta_1}\right) - (1+r)s_{\max,r}\right] + (1+r_0)(1-r)s_{\max,r}} \right. \\
\qquad\qquad\qquad\qquad\qquad\qquad\qquad\qquad\qquad\qquad -1 \leqslant r \leqslant 1,\ -1 \leqslant r_0 \leqslant 1 \\
\qquad\quad \left. -S_0^0\left(1 - \alpha_2 d^{\beta_2}\right) \right\}^{pq} \left(\dfrac{C}{n}\right)^q, \\[2mm]
R(n) = R_0^0\left(1 - \alpha_1 d^{\beta_1}\right) - \left\{ \dfrac{-2r_0 R_0^0\left(1 - \alpha_1 d^{\beta_1}\right)(1-r)\left|s_{\min,r}\right|}{(1-r_0)\left[-2rR_0^0\left(1-\alpha_1 d^{\beta_1}\right) + (1+r)\left|s_{\min,r}\right|\right] - (1+r_0)(1-r)\left|s_{\min,r}\right|} \right. \\
\qquad\qquad\qquad\qquad\qquad\qquad\qquad\qquad\qquad\qquad r < -1,\ r > 1,\ r_0 < -1,\ r_0 > 1 \\
\qquad\quad \left. -S_0^0\left(1 - \alpha_2 d^{\beta_2}\right) \right\}^{pq} \left(\dfrac{C}{n}\right)^q,
\end{cases}
$$

$$\tag{3.70}$$

由式(3.70)，可得施加一次疲劳应力循环后的剩余强度降：

$$
\left\{
\begin{aligned}
\Delta R(n) &= \left\{ \frac{2R_0^0\left(1-\alpha_1 d^{\beta_1}\right)(1-r)s_{\max,r}}{\left(1-r_0\right)\left[2R_0^0 r\left(1-\alpha_1 d^{\beta_1}\right)-(1+r)s_{\max,r}\right]+(1+r_0)(1-r)s_{\max,r}} \right. \\
&\quad \left. -S_0^0\left(1-\alpha_2 d^{\beta_2}\right) \right\}^{pq} \left[\left(\frac{C}{n-1}\right)^q-\left(\frac{C}{n}\right)^q\right], \qquad -1 \leqslant r \leqslant 1,\ -1 \leqslant r_0 \leqslant 1 \\
\Delta R(n) &= \left\{ \frac{-2r_0 R_0^0\left(1-\alpha_1 d^{\beta_1}\right)(1-r)\left|s_{\min,r}\right|}{\left(1-r_0\right)\left[-2r R_0^0\left(1-\alpha_1 d^{\beta_1}\right)+(1+r)\left|s_{\min,r}\right|\right]-(1+r_0)(1-r)\left|s_{\min,r}\right|} \right. \\
&\quad \left. -S_0^0\left(1-\alpha_2 d^{\beta_2}\right) \right\}^{pq} \left[\left(\frac{C}{n-1}\right)^q-\left(\frac{C}{n}\right)^q\right], \qquad r<-1,\, r>1,\ r_0<-1,\, r_0>1
\end{aligned}
\right.
$$

$$\tag{3.71}$$

在疲劳载荷作用下，剩余强度随着疲劳载荷的循环加载而逐渐降低，在经过 n 次疲劳应力循环后，剩余强度下降为

$$R(n)=R_0-\Delta R(i), \quad i=1,2,\cdots,n \tag{3.72}$$

式中，R_0 为缺陷材料的初始剩余强度；$\Delta R(i)$ 为第 i 次疲劳载荷下的剩余强度下降值；$R(n)$ 为危险部位承受疲劳载荷谱的 n 个应力循环后的剩余强度。

当危险部位的剩余强度值 $R(n)$ 低于最大工作应力 $\left[S_{\max}\right]$（即疲劳载荷谱中的最大载荷在危险部位单元上产生的应力）时，即

$$R(n)\leqslant\left[S_{\max}\right] \tag{3.73}$$

则该单元发生失效，对失效单元进行刚度退化，即将失效单元的材料模量退化为接近于 0 的极小值，然后，根据疲劳载荷谱继续施加疲劳载荷，对未失效单元进行失效判别，直至危险截面完全失效为止，此时，记录的疲劳载荷谱周期数即为复合材料结构的疲劳寿命。

基于 Abaqus 软件，利用子程序 USDFLD 开发了复合材料结构疲劳渐进损伤算法，以剩余强度为表征量，在各加载循环过程中，对每个单元进行应力和剩余强度计算，得到随循环次数变化的累积损伤状态，并进行失效判定，直到危险截面完全失效为止，停止计算，完成复合材料结构寿命估算以及渐进损伤分析。具体地，根据材料力学性能、结构几何特征、边界条件，建立复合材料结构有限元分析模型，然后，在疲劳载荷峰值时进行有限元分析，根据剩余强度准则判定单元是否失效，若失效，则对单元的材料性能进行退化；若未失效，则依据疲劳剩余强度曲面，继续对承受疲劳载荷谱的复合材料结构进行剩余强度的衰减。随着损伤的累积，最终，危险截面完全失效，结构将失去承载能力，停止计算。当判定结构完全失效时，则将当前循环次数或周期数作为结构的疲劳寿命。为改善计

算效率，给定初始加载循环 n 为 1，在最初的循环计算中，损伤扩展较慢，给定较大的应力循环数增量值 Δn，而在后续的循环计算中，损伤扩展较快，则给定较小的应力循环数增量值 Δn。

利用 Abaqus 软件，采用 S4R 单元，对边缘缺口深度 3mm 的碳纤维和玻璃纤维平面编织复合材料 3238A/CF3052 和 3238A/EW250F 层合板[(图 3.9(b)]进行有限元建模，玻璃纤维和碳纤维平面编织复合材料单层的材料力学性能如表 3.9 所示。两种复合材料层合板铺层方式为 $[(45/-45)/(0/90)]_{3s}$，单层厚度为 0.36 mm，层合板总厚度为 4.32mm，有限元网格模型如图 3.11 所示，共有 1776 个单元。载荷和边界约束如下：底端固支，顶端在关联了端面的参考点上施加疲劳载荷。通过有限元模型，计算每个单元应力状态；根据表 3.8 中的疲劳 s-n-R-d-r 剩余强度模型，可以得到平面编织复合材料 3238A/CF3052 和 3238A/EW250F 光滑层合板的疲劳 s-n-R 剩余强度性能曲线(表 3.10)，以此作为单元渐进退化性能，利用剩余强度准则，判定单元是否失效。如此循环往复，直至层合板最终失效。

表 3.9　玻璃纤维和碳纤维平面编织复合材料 3238A/CF3052 和 3238A/EW250F 力学性能

材料	载荷类型	$E_1/$ GPa	$E_2/$ GPa	μ_{12}	$\sigma_1/$ MPa	$\sigma_2/$ MPa	$G_{12}/$ GPa	$G_{13}/$ GPa	$G_{23}/$ GPa
3238A/ EW250F	拉伸	17.77	17.71	0.11	361.9	364.5	1.72	1.13	1.13
	压缩	22.66	22.43	0.11	262.5	268.9	1.72	1.13	1.13
3238A/ CF3052	拉伸	65.97	65.59	0.083	558.2	569.9	2.08	1.89	1.89
	压缩	51.03	51.21	0.083	511.6	512.7	2.08	1.89	1.89

表 3.10　玻璃纤维和碳纤维平面编织复合材料 3238A/CF3052 和 3238A/EW250F 疲劳性能

材料	应力比	s-n-R 剩余强度性能曲面
3238A/EW250F	0.05	$n = 9.75 \times 10^{17} \left(s - 51.43\right)^{-7.28} \left[349.45 - R(n)\right]^{0.59}$
	10	$n = 1.13 \times 10^{21} \left(s - 102.32\right)^{-8.79} \left[235.60 - R(n)\right]^{0.16}$
3238A/CF3052	0.05	$n = 4.35 \times 10^{20} \left(s - 313.38\right)^{-8.87} \left[541.82 - R(n)\right]^{0.32}$
	10	$n = 4.60 \times 10^{69} \left(s - 97.35\right)^{-29.20} \left[417.63 - R(n)\right]^{0.30}$

分别对恒幅疲劳载荷(应力比 0.05 和 10)作用下的层合板剩余寿命和损伤扩展进行了有限元模拟(图 3.12 和图 3.13)，可以看出：①失效单元随着加载循环次数的增加而增加，初始损伤在缺口边缘形成，并沿加载垂直方向扩展；②压-压疲劳载荷作用下的损伤区域比拉-拉疲劳载荷作用下的损伤区域大；③疲劳寿命预测结果与疲劳试验数据吻合良好。

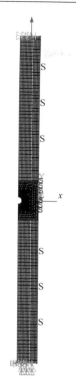

图 3.11　有限元模型

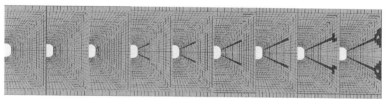

(a) 应力比0.05

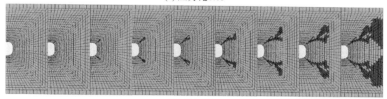

(b) 应力比10

图 3.12　边缘缺口深度 3mm 的平面编织复合材料 3238A/CF3052 和 3238A/EW250F
层合板损伤扩展

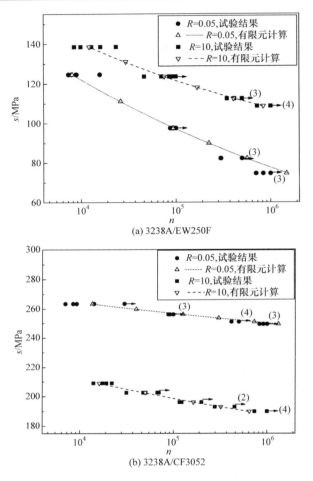

图 3.13　应力比 0.05 和 10 下剩余寿命

括号中的数字表示该试验数据点的重复次数

参 考 文 献

[1] Hill R. A theory of the yielding and plastic flow of anisotropic metals. Proceedings of the Royal Society of London, 1948, 193(1033):281-297.

[2] Tsai S W. Strength characteristics of composite materials. NASA-CR-224, 1965.

[3] Tsai S W, Wu E M. A general theory of strength for anisotropic materials. Journal of Composite Materials, 1971, 5(1):58-80.

[4] Hashin Z. Failure criteria for unidirectional fiber composites. Journal of Applied Mechanics, 1980, 47(2):329-334.

[5] Benzeggagh M L, Kenane M. Measurement of mixed-mode delamination fracture toughness of unidirectional glass/epoxy composites with mixed-mode bending apparatus. Composite Science

and Technology 1996, 56(4): 439-449.

[6] Bai J B, Xiong J J, Cheng X. Tear resistance of orthogonal Kevlar-PWF-reinforced TPU film. Chinese Journal of Aeronautics, 2011, 24: 113-118.

[7] Xiong J J, Shenoi R A. General aspects on structural integrity. Chinese Journal of Aeronautics, 2019, 32(1): 114-132.

[8] Yun X Y, Xiong J J, Shenoi R A. Fatigue-driven model for mode II interlaminar delamination propagation of fibre/epoxy-reinforced composite laminates under three-point end-notched flexure. Journal of Composite Materials, 2015, 49(22): 2779-2787.

[9] 熊峻江, 寇长河, 程小泉, 等. 光滑与含孔复合材料层板压-压疲劳试验研究. 复合材料学报, 1998, 15(3): 99-102.

[10] Xiong J J. Delamination formation and propagation of composite laminates under compressive fatigue loading. Chinese Journal of Aeronautics, 2000, 13(1): 8-13.

[11] 熊峻江. 复合材料全寿命范围 S-N 曲线方程与 E-N 曲线方程. 复合材料学报, 2000, 17(1): 103-107.

[12] Xiong J J, Shenoi R A. Two new practical models for estimating reliability-based fatigue strength of composites. Journal of Composite Materials, 2004, 38(14): 1187-1209.

[13] Xiong J J, Shenoi R A, Wang S P, et al. On static and fatigue strength determination of carbon fibre/epoxy composites, Part 1: Experiments. Journal of Strain Analysis for Engineering Design, 2004, 39(5): 529-540.

[14] Xiong J J, Shenoi R A, Wang S P, et al. On static and fatigue strength determination of carbon fibre/epoxy composites, Part 2: Theoretical formulation. Journal of Strain Analysis for Engineering Design, 2004, 39(5): 541-548.

[15] Xiong J J, Li H Y, Zeng B Y. A strain-based residual strength model of carbon fibre/epoxy composites based on CAI and fatigue residual strength concepts. Composite Structures, 2008; 85: 29-42.

[16] Wan A S, Xu Y G, Xiong J J. Notch effect on strength and fatigue life of woven composite laminates. International Journal of Fatigue, 2019, 127: 275-290.

[17] ASTM D5766-11. Standard test method for open-hole tensile strength of polymer matrix composite laminates, 2011.

[18] ASTM D6484-09. Standard test method for open-hole compressive strength of polymer matrix composite laminates, 2009.

[19] ASTM D7615-11. Standard practice for open-hole fatigue response of polymer matrix composite laminates, 2011.

[20] ASTM E739-10. Standard practice for statistical analysis of linear or linearized stress-life (s-n) and strain-life (ε-n) fatigue data1, 2010.

第4章 平面编织复合材料典型飞行器结构力学分析

4.1 T形接头拉伸与压缩性能

采用 RTM 工艺制备的平面编织复合材料 EW220/5284 的 T 形接头的几何形状和尺寸如图 4.1 所示，依据 T 形接头的形状，设计并制备的试验夹具如图 4.2 所示。采用如图 4.3(a)和图 4.3(b)所示的加载方式，对 T 形接头进行拉伸和压缩试验，测定其拉伸与压缩性能[1-3]。将试件安装在 MTS880-100kN 试验机上，试验环境为室温大气，加载速率为 2mm/min，测定变形时采取连续加载，并记录载荷-位移曲线[图 4.4(a)和图 4.4(b)]。图 4.4(a)显示，拉伸时载荷-位移曲线在第 1 次降载后，结构并未完全失效，还可以继续承载，直至最后失效。图 4.4(b)显示，T 形接头压缩时，结构在第 1 次大幅度降载时完全失效。根据图 4.4 所示的试验数据，可得到各试件失效载荷(表 4.1 和表 4.2)。由表 4.1 和表 4.2 可知，T 形接头的初始拉伸失效载荷和最终拉伸失效载荷平均值分别为 1787N 和 2027N，压缩失效载荷平均值为 2857N，T 形接头的压缩失效载荷高于其拉伸失效载荷。

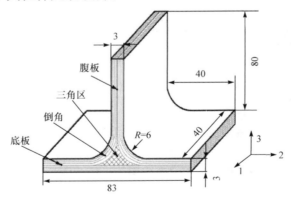

图 4.1　T 形接头几何形状和尺寸(单位：mm)

试验观测发现，当拉伸载荷增加到 1787N 左右，在接头根部的三角区上角点附近、三角区树脂与圆弧形腹板翻边之间的界面上，首先出现开裂[图 4.5(a)]，载荷出现骤降[图 4.4(a)]；进一步加载，分层沿三角区树脂与圆弧形腹板翻边之间的

图 4.2　T 形接头试验夹具装配图

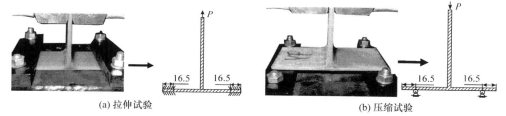

(a) 拉伸试验　　　　　　　　　　　　　　　　　　　(b) 压缩试验

图 4.3　T 形接头拉伸和压缩试验的约束和加载方式(单位：mm)

界面扩展，直至接头底板，同时，分层还沿腹板中面向上扩展，此阶段结构载荷-位移曲线出现波动；当分层到达底板后，便沿着底板与腹板翻边之间的界面继续向两边扩展[图 4.5(b)]，这时，载荷近似线性增大；最后，分层到达试验件夹持处[图 4.5(c)]，载荷再一次骤降[图 4.4(a)]，整个接头失效。

当压缩载荷增加到 2000N 左右时，在 T 形接头圆角表层纤维可观察到白点[图 4.6(a)]，接头断续发出细微的脆响，随着响声频率不断增加，圆弧形腹板翻边的白点增多[图 4.6(b)]，接头载荷-位移曲线开始缓慢降低[图 4.4(b)]；随着载荷

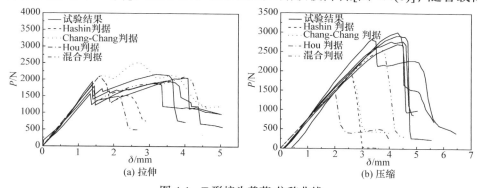

(a) 拉伸　　　　　　　　　　　　　　　　　　　(b) 压缩

图 4.4　T 形接头载荷-位移曲线

进一步增加，大约在 2800N 附近时，T 形接头在三角区下角点附近的底板下表面突然发生弯曲折断[图 4.6(c)]，载荷出现骤降[图 4.4(b)]，接头失效。

表 4.1　T 形接头拉伸过程的初始失效载荷和最终失效载荷

	初始失效载荷	最终失效载荷
	1934	2166
试验值/N	1845	1916
	1567	2061
	1803	1966
平均值/N	1787	2027
混合判据预测值/N	1850	1987
混合判据相对偏差/%	3.5	1.9
Hashin 判据预测值/N	2114	N.A.
Hashin 判据相对偏差/%	18.3	N.A.
Chang-Chang 判据预测值/N	2114	N.A.
Chang-Chang 判据相对偏差/%	18.3	N.A.
Hou 判据预测值/N	2114	N.A.
Hou 判据相对偏差/%	18.3	N.A.

表 4.2　T 形接头压缩过程的最终失效载荷

	最终失效载荷
	3007
	2786
试验值/N	2717
	2925
	2848
平均值/N	2857
混合判据预测值/N	2589
混合判据相对偏差/%	9.38
Hashin 判据预测值/N	1965
Hashin 判据相对偏差/%	31.2
Chang-Chang 判据预测值/N	1965
Chang-Chang 判据相对偏差/%	31.2
Hou 判据预测值/N	1511
Hou 判据相对偏差/%	47.1

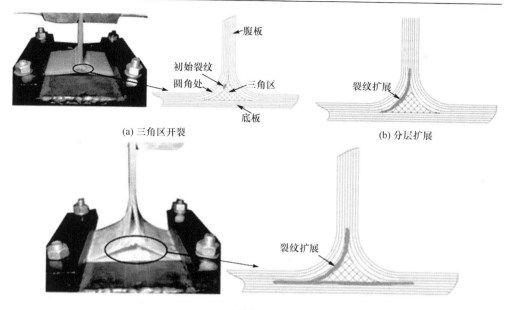

(a) 三角区开裂

(b) 分层扩展

(c) 最终失效

图 4.5　T 形接头拉伸失效过程

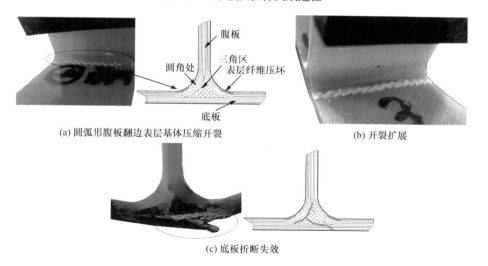

(a) 圆弧形腹板翻边表层基体压缩开裂

(b) 开裂扩展

(c) 底板折断失效

图 4.6　T 形接头压缩失效过程

　　T 形接头拉伸和压缩的传力路径可简化为如图 4.7 所示的多通道传力，其载荷主要依靠底板和圆弧形腹板翻边组成的梁承担。在拉伸载荷作用下，腹板、三角区以及圆弧形腹板翻边主要承受拉应力，左右两边的圆弧形腹板翻边呈张开趋势，在三角区的树脂与圆弧形腹板翻边的界面上，存在层间剥离力与剪切力[图 4.7(a)]，导致其界面分层，三角区树脂不参与传力，腹板上的拉应力只能通过圆弧形腹板翻边传递到底板，因此，拉伸载荷-位移曲线出现第一次降载；随着载荷继续增大，圆弧形腹板翻边与底板之间出现分层，并向两边扩展至试验件夹持处，底板不再承载，载荷主要由圆弧形腹板翻边承担，载荷再次大幅度下降，接头失效。由此可知，T 形接头拉伸失效模式为，接头根部的三角区树脂与圆弧形腹板翻边之间出现界面分层，其拉伸失效主要取决于树脂基体抗剥离分层的界面强度。

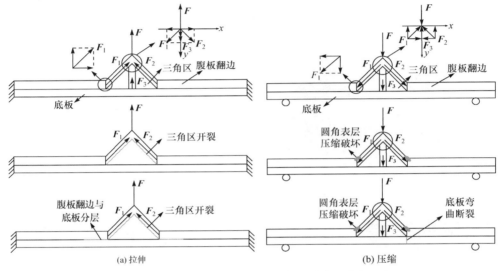

图 4.7　T 形接头拉伸和压缩多通道传力路径

在压缩载荷作用下，T 形接头腹板和圆弧形腹板翻边主要承受压应力和剪切应力[图 4.7(b)]，底板则承受拉伸弯曲正应力，随着载荷增大，圆弧形腹板翻边首先出现纤维-基体剪切开裂，刚度下降，但载荷传递路径并没有改变，只是传力的大小发生了变化，因而没有造成载荷的突然下降。随着圆弧形腹板翻边纤维-基体开裂的加剧，刚度继续下降，压缩载荷主要通过三角区传到底板，最终，底板在三角区下角点处发生弯曲断裂。显然，T 形接头压缩失效模式为三角区下角点处底板弯曲断裂，其抗弯能力主要由底板纤维布承担，因此，T 形接头压缩失效强度主要由接头底板中的纤维布拉伸强度决定。

根据拉伸与压缩失效机理分析，得到以下结论：T 形接头拉伸失效主要取决于树脂基体的抗拉强度，而压缩失效则由底板的纤维布的抗拉强度决定。通常情况下，纤维的抗拉能力远高于树脂基体，因此，T 形接头的压缩失效载荷高于拉伸失效载荷。

根据 T 形接头几何参数和尺寸，在 SolidWorks 中建立复合材料 T 形接头三维模型，并将三维模型导入 ANSYS 软件，进行模拟计算。采用 ANSYS12.0 中实体单元 SOLID191 模拟 T 形接头复合材料铺层，总单元数为 83200；使用实体单元 SOLID45 模拟三角区树脂，总单元数为 12675。为准确地模拟分层过程，以 INTER204 单元模拟三角区树脂和复合材料铺层间的界面，单元数为 1300，建立的三维有限元模型及其载荷与边界条件如图 4.8 所示。有限元分析使用的材料力学性能如表 4.3 和表 4.4 所示。最大应力准则、Hashin 判据和 B-K 判据相结合的混合准则[4,5]用于识别复合材料 T 形接头的单元失效(表 4.5)，其中，Hashin 判据用于判断纤维断裂和剪切失效，最大应力准则用于判断三角区基体失效，B-K 判据用于判断三角区界面分层裂纹扩展。由于 T 形接头的复合材料为编织材料，主承力结构两个主方向与编织纤维束的经向和纬向一致，因此，判断编织复合材料失效时，仅判断经向和纬向纤维拉伸和压缩失效，以及层间的张开分层失效，而不进行基体的失效判断；材料刚度退化准则如表 4.6 所示。

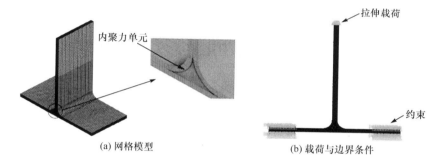

(a) 网格模型　　　　　　　　　　(b) 载荷与边界条件

图 4.8　拉伸载荷作用下 T 形接头有限元模型

表 4.3　EW220/5284 平面编织复合材料单层力学性能

性能	数值
纵向模量 E_1 / GPa	14.2
横向模量 E_2 / GPa	19.3
厚度方向模量 E_3 / GPa	5
泊松比 μ_{12}	0.15
泊松比 μ_{13}	0.01
泊松比 μ_{23}	0.01
面内剪切模量 G_{12} / GPa	4.3
层间剪切模量 G_{13} / GPa	3.0
层间剪切模量 G_{23} / GPa	3.0
纵向拉伸强度 X_{1t} / MPa	380

续表

性能	数值
横向拉伸强度 X_{2t} / MPa	493
厚度方向拉伸强度 X_{3t} / MPa	50
纵向压缩强度 X_{1c} / MPa	312
横向压缩强度 X_{2c} / MPa	417
厚度方向压缩强度 X_{3c} / MPa	199
面内剪切强度 X_{12} / MPa	111
层间内剪切强度 X_{13} / MPa	25
层间内剪切强度 X_{23} / MPa	30
单层厚度 / mm	0.17
I 型分层扩展能量释放率 G_{IC} / kJ/m^2	1.5026
I 型分层扩展能量释放率 G_{IIC} / kJ/m^2	0.89

表 4.4　5284 环氧树脂力学性能

性能	数值
拉伸强度 X_t / MPa	80
压缩强度 X_c / MPa	199.1
模量 E / GPa	3.4
泊松比 μ	0.3

表 4.5　混合失效判据

失效模式	失效判据
经向纤维拉伸断裂	$\dfrac{\sigma_{11}^{2}}{X_{1t}^{2}}+\dfrac{\sigma_{12}^{2}}{X_{12}^{2}}\geqslant1,\quad \sigma_{11}\geqslant0$
经向纤维压缩屈曲	$\dfrac{\sigma_{11}^{2}}{X_{1t}^{2}}\geqslant1,\quad \sigma_{11}<0$
纬向纤维拉伸断裂	$\dfrac{\sigma_{22}^{2}}{X_{2t}^{2}}+\dfrac{\sigma_{12}^{2}}{X_{12}^{2}}\geqslant1,\quad \sigma_{22}\geqslant0$
纬向纤维压缩屈曲	$\dfrac{\sigma_{22}^{2}}{X_{2t}^{2}}\geqslant1,\quad \sigma_{22}<0$
纤维-基体剪切脱胶	$\dfrac{\sigma_{11}^{2}}{X_{1c}^{2}}+\dfrac{\sigma_{12}^{2}}{X_{12}^{2}}+\dfrac{\sigma_{13}^{2}}{X_{13}^{2}}\geqslant1,\quad \sigma_{22}<0$

续表

失效模式	失效判据
层间分层形成	$\dfrac{\sigma_{33}^2}{X_{3t}^2}+\dfrac{\sigma_{13}^2}{X_{13}^2}+\dfrac{\sigma_{23}^2}{X_{23}^2}\geqslant 1,\quad \sigma_{33}\geqslant 0$
层间分层扩展	$G_{eq,C}=G_{IC}+(G_{IIC}-G_{IC})\left(\dfrac{G_{II}+G_{III}}{G_{I}+G_{II}+G_{III}}\right)^{\eta}$
三角区基体拉伸开裂	$\dfrac{\sigma}{X}\geqslant 1,\quad \sigma\geqslant 0$
三角区基体压缩开裂	$\left\lvert\dfrac{\sigma}{Y}\right\rvert\geqslant 1,\quad \sigma<0$

表 4.6　材料性能刚度退化准则

失效模式	退化判据
经向或纬向纤维拉伸断裂	$E_{11}=E_{22}=E_{33}=G_{12}=G_{13}=G_{23}=\mu_{12}=\mu_{13}=\mu_{23}=0.1$
经向或纬向纤维压缩断裂	$E_{11}=E_{22}=E_{33}=G_{12}=G_{13}=G_{23}=\mu_{12}=\mu_{13}=\mu_{23}=0.1$
层间分层形成	$E_{33}=0.01,G_{13}=0.01,G_{23}=0.01$
纤维-基体剪切脱胶	$G_{23}=0.1,E_{33}=0.1,G_{13}=0.1$
三角区基体拉伸开裂	$E=\mu=0.1$
三角区基体压缩开裂	$E=\mu=0.1$

采用上述渐进损伤模型与算法，数值模拟的拉伸载荷作用下复合材料 T 形接头的载荷-位移曲线和失效载荷如图 4.4(a)和表 4.1 所示，初始失效载荷和最终失效载荷作用下复合材料 T 形接头的应力分布如图 4.9 和图 4.10 所示。由图 4.4(a)和表 4.1 可知，基于混合失效判据的渐进损伤分析结果与试验结果更加吻合，明显优于 Hashin 判据、Chang-Chang 判据和 Hou 判据的预测结果，采用混合判据预测初始失效载荷和最终失效载荷与试验结果之间的相对偏差分别为 3.5% 和 1.9%，而利用 Hashin 判据、Chang-Chang 判据和 Hou 判据仅能预测初始失效载荷，与试验结果之间的相对偏差均为 18.3%。由图 4.9 和图 4.10 可知，应力集中点位于圆弧形腹板翻边和三角区树脂区的界面处，由于厚度方向的界面脱粘强度远低于面内强度，因此，初始的界面层间分层首先出现在圆弧形腹板翻边和三角区树脂区的界面处，导致对应初始失效载荷的首次载荷突降[图 4.4(a)]；随着载荷继续增加，分层沿圆弧形腹板翻边和三角区树脂区的界面不断扩展，并伴随纤维-基体剪切开裂，在此过程中，载荷整体处于上升趋势，但由于损伤不断扩展，载荷增加速度与线性段相比出现明显下降，最终，在两侧夹持处的上底板发生压缩失效，造成结构最终失效，在载荷-位移曲线上出现载荷的最终下降[图 4.4(a)]。

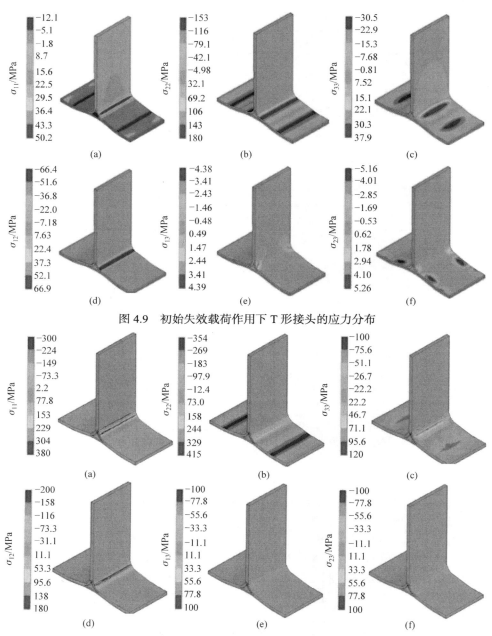

图 4.9　初始失效载荷作用下 T 形接头的应力分布

图 4.10　最终失效载荷作用下 T 形接头的应力分布

与拉伸载荷作用下 T 形接头渐进损伤分析类似,根据 T 形接头几何参数和尺寸,在 SolidWorks 中,建立压缩载荷作用下复合材料 T 形接头三维模型,将 SolidWorks 中的三维模型导入 ANSYS12.0,采用实体单元 SOLID191 模拟复合材料铺层,单元数为 16020；实体单元 SOLID45 模拟三角区树脂，单元数为 1920；建立的三维有限元分析模型及其载荷与边界条件如图 4.11 所示，材料力学性能如表 4.3 和表 4.4 所示，失效判据和刚度退化准则分别如表 4.5 和表 4.6 所示。数值模拟的压缩载荷作用下复合材料 T 形接头的载荷-位移曲线和失效载荷如图 4.4(b) 和表 4.2 所示。由图 4.4(b) 和表 4.2 可知，基于混合失效判据的渐进损伤分析结果与试验结果更加吻合，明显优于 Hashin 判据、Chang-Chang 判据和 Hou 判据的预测结果；混合判据预测的最终压缩失效载荷与试验结果之间的相对偏差仅为 9.38%，而 Hashin 判据、Chang-Chang 判据和 Hou 判据预测最终失效载荷与试验结果之间的相对偏差分别为 31.2%、31.2% 和 47.1%。由此可知，基于混合失效判据建立的压缩载荷作用下复合材料 T 形接头的渐进损伤分析模型具有更好的预测精度。

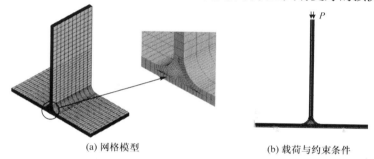

(a) 网格模型　　　　　　　　　　　　(b) 载荷与约束条件

图 4.11　复合材料 T 形接头有限元模型

对最终压缩失效载荷作用下复合材料 T 形接头的应力进行模拟，获得其失效时应力分布(图 4.12)，从图 4.12 可以看出，在压缩载荷下，载荷主要通过圆弧形

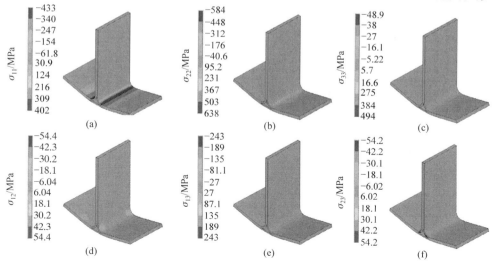

图 4.12　最终压缩失效载荷作用下 T 形接头应力分布

腹板翻边和三角区树脂传递到底板，随着载荷的不断增大，圆弧形腹板翻边首先出现纤维-基体剪切开裂，造成加载速率的缓慢下降，此后，圆弧形腹板翻边剪切开裂区域不断扩大，T 形接头底板下表面的拉应力也不断增大，当拉应力超过纤维材料拉伸强度时，底板发生了纤维拉伸断裂，T 形接头失去承载能力，在载荷-位移曲线上造成了载荷的最终下降[图 4.4(b)]。

4.2　十字形接头拉伸性能

　　分别采用 RTM 工艺、缝纫 RTM 工艺和 RTM 固化后胶接工艺(图 4.13)制备 EW220/5284 平面编织复合材料十字形接头[6,7]，其几何形状和尺寸如图 4.14 所示，3 种成型工艺的复合材料十字形接头制件如图 4.15 所示。EW220/5284 平面编织复合材料的规格和力学性能如表 4.7 和表 4.8 所示，双向正交平面编织 EW220 玻璃纤维布的单层厚度为 0.22mm，其经向和纬向拉伸强度分别为 400MPa 和 200MPa；EW220/5284 平面编织复合材料的纤维体积含量为 55%。十字形接头由腹板和侧板组成，厚度为 3mm，所用的 EW220/5284 平面编织复合材料层数为 18 层；水平中心层合板厚度为 2mm，EW220/5284 平面编织复合材料层数为 12 层。对于缝纫的 RTM 十字形接头，在 EW220 预成型体的厚度方向用凯夫拉纤维束以纵横 8mm 的间距缝合加强，之后，注入 5284 树脂固化成型。对于 RTM 固化后胶接的十字形接头，首先采用 RTM 工艺分别制备 T 形接头和中心层合板，然后通过二次胶接的方式制备十字形接头。

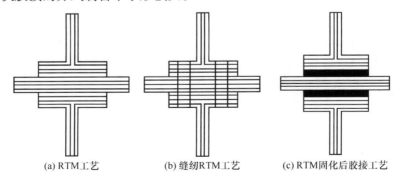

(a) RTM工艺　　　　　(b) 缝纫RTM工艺　　　　(c) RTM固化后胶接工艺

图 4.13　十字形接头成型工艺

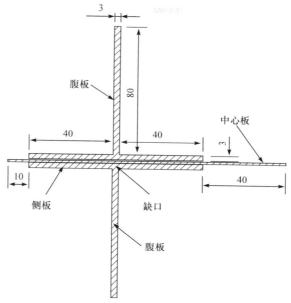

图 4.14　十字形接头几何形状与尺寸(单位：mm)

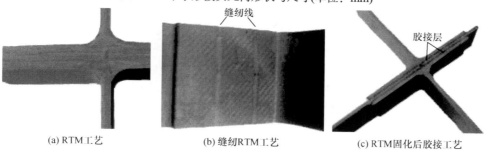

(a) RTM 工艺　　　　　(b) 缝纫 RTM 工艺　　　　　(c) RTM 固化后胶接工艺

图 4.15　十字形接头制件

表 4.7　双向正交平面编织 EW220 玻璃纤维布规格

材料规格	经向	纬向
织物密度/cm	9 线(18 束)	7 线(14 束)
纤维束高度/ mm	0.10	0.10
纤维束宽度/ mm	0.56	0.56
波动长度/ mm	2.86	2.22
波动高度/ mm	0.12	0.12
面积/ mm²	0.058	0.058
惯性矩/ mm⁴	2.58×10^{-5}	2.58×10^{-5}

表 4.8　玻璃纤维和基体的力学性能

力学性能	玻璃纤维 EW220	环氧树脂 5284
杨氏模量 / GPa	72	3.2
剪切模量 / GPa	29.5	1.13
泊松比 μ	0.22	0.42
体积密度/(g / cm³)	2.5	1.2

　　在 MTS880-100kN 电液伺服试验机上进行十字形接头的拉伸试验，试验条件为大气室温，加载速率为 3mm/min，图 4.16 示出了复合材料十字形接头拉伸加载与约束方式。通过试验现象发现，RTM 工艺和缝纫 RTM 工艺的十字形接头均是首先在圆弧形腹板翻边与三角树脂填充区之间界面出现基体脱粘，之后，分层沿着界面扩展至底板，直至腹板翻边与底板分离(图 4.17)；而 RTM 固化后胶接工艺的十字形接头则首先在 T 形接头部分与水平中心底板之间的界面出现层间分层失效，然后，层间分层继续扩展至 T 形接头部分与水平中心底板分离。拉伸试验测定的载荷-位移曲线和失效载荷分别如图 4.18 和表 4.9 所示。由图 4.18 可知，在拉伸失效前，载荷-位移曲线表现为线弹性特征，之后出现载荷突降，其中，缝纫 RTM 工艺十字形接头在出现失效后会呈现出几次明显的载荷波动，缝纫 RTM 工艺十字形接头载荷突降是由初始分层导致的，载荷波动是由厚度方向的缝纫纤维束断裂导致的，对损伤扩展有一定阻抗作用。由图 4.18 和表 4.9 可知，RTM 工艺的十字形接头比缝纫 RTM 工艺和 RTM 固化后胶接工艺的十字形接头强度分别高 21.7%和 33.6%。

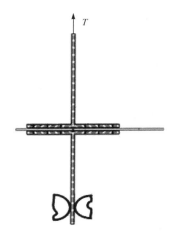

图 4.16　十字形接头加载与约束方式

图 4.17　十字形接头拉伸失效

　　由于复合材料十字形接头载荷、边界条件和结构具有对称性，只需取一半模型进行分析，即类似于 T 形接头(图 4.19)，因此，采用与 4.1 节相似的有限元模型、

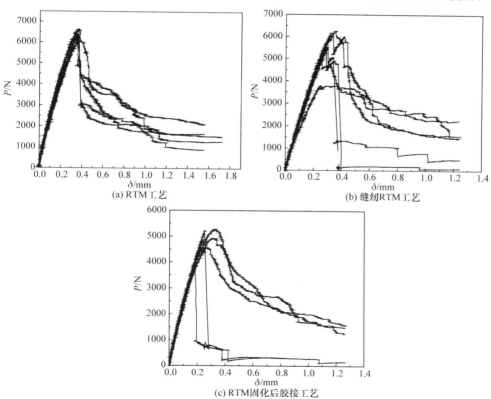

图 4.18　十字形接头拉伸载荷-位移曲线

渐进损伤算法、混合失效判据及刚度退化准则，进行拉伸载荷作用下复合材料十字形接头性能模拟，预测的拉伸载荷-位移曲线如图 4.20 所示，从图 4.20 可知，有限元计算结果与试验结果也吻合良好，这进一步验证了渐进损伤模型的有效性。

表 4.9　复合材料十字形接头拉伸失效载荷

	拉伸失效载荷/N		
	RTM 工艺	缝纫 RTM 工艺	RTM 固化后胶接工艺
试验件 1	6604	6231	3919
试验件 2	6240	5501	5138
试验件 3	6264	3768	5275
试验件 4	6366	6133	4861
试验件 5	6267	5093	4568
试验件 6	-	5577	-
平均值	6348.2	5214.4	4752.2

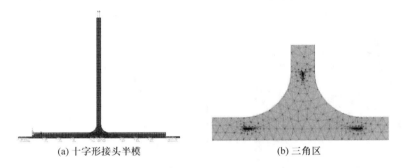

(a) 十字形接头半模　　　　　　(b) 三角区

图 4.19　复合材料十字形接头有限元模型

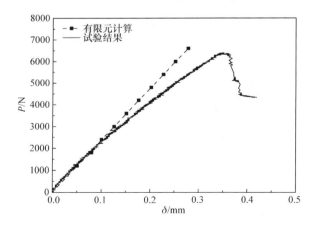

图 4.20　试验和有限元模拟结果对比

4.3　典型结构元件弯曲性能

选用国产 U3160 单向无纬帘子布碳布和 CF3031 斜纹碳纤维机织物作为增强体，其材料性能如表 4.10 所示，5284 环氧树脂作为基体，制备复合材料工字梁和 π 接头[8-10]，其纤维铺层方案为：蒙皮和腹板表面均采用 1 层±45°的 CF3031 斜纹碳布铺覆，其余采用 U3160 单向带(图 4.21)。蒙皮 A: [(±45)/0/45/0/−45/0/45/90/−45/0/45/0/−45/0/45/90/−45/0]，厚度 3mm，共 18 层。梁腹板 B、C 和 D：[(±45)/0/45/90/−45/0/45/90/−45/45/0/−45]，厚度 2mm，共 14 层。填充料 E：纤维体积分数为 55%的 U3160。蒙皮、腹板和填充料的纤维体积分数均为 55%。

表 4.10　U3160 单向无纬帘子布碳布和 CF3031 斜纹碳纤维机织物材料参数

材料参数		CF3031	U3160
单层厚度/ mm		0.30±0.02	0.167
面密度/(g/m²)		220±7	160±10
织物密度/(根/100mm)	经向	54±2	80±4
	纬向	54±2	40±2
拉伸断裂强度/(N·25mm)	经向	≥1600	1800
	纬向	≥1600	-

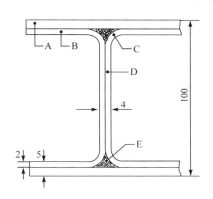

图 4.21　工字梁和π接头的铺层方案(单位：mm)

复合材料工字梁和 π 接头几何形状和尺寸分别如图 4.22 和图 4.23 所示，在电液伺服试验机 INSTRON-5565 上进行复合材料工字梁和 π 接头的弯曲性能试验，试验机最大量程为 100kN，静载荷误差为 ±0.5%，试验环境为大气室温；试验件下端简支，采用两个圆柱形支座作为支撑，其中，工字梁三点弯曲跨距为 230mm[图 4.24(a)]，π 接头三点弯曲和四点弯曲跨距均为 200 mm[图 4.24(b) 和图 4.24(c)]，同时，在试验件上对称施加竖直向下的弯曲载荷，其中，工字梁和 π 接头三点弯曲载荷均施加于中点位置[图 4.24(a)和图 4.24(b)]，π 接头四点弯曲载荷的两个加载点相距 70 mm[图 4.24(c)]，加载速度为 2 mm/min，记录复合材料工字梁和 π 接头整个渐进失效过程中的载荷-位移曲线。为了分析工字梁和 π 接头的损伤机理，试验中，在工字梁和 π 接头正前方分别放置了一台高速摄像机。

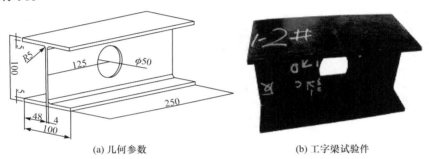

(a) 几何参数　　　　　　　　　　　　　　(b) 工字梁试验件

图 4.22　RTM 成型的工字梁(单位：mm)

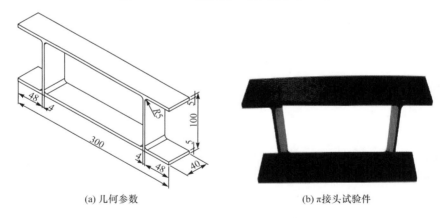

(a) 几何参数　　　　　　　　　　　　　　(b) π接头试验件

图 4.23　RTM 成型的π接头试验件(单位：mm)

　　试验测定的复合材料工字梁三点弯曲载荷-位移试验曲线、失效过程和失效载荷分别如图 4.25(a)、图 4.26 及表 4.11 所示。试验观测发现，当载荷增加到 23 kN 左右时，可听到试件内部发出细微的响声，进一步加载，试件内部发出的响声不断变大、变密，并可观察到工字梁在加载处的三角区附近出现脱胶[图 4.26(a)]，三角区脱胶后，腹板可观察到纤维断裂，这时，载荷几乎保持不变，但位移却随着腹板失效面积不断扩大而缓慢增加；随着载荷的不断增大，凸缘突然出现分层[图 4.26 (b)]，并发出尖锐响声，载荷出现第 1 次骤降[图 4.25(a)]；继续增大载荷，凸缘分层则不断增大，腹板损伤也向下扩展，此时，孔边亦可观察到分层，载荷呈阶梯状下降；最后，腹板损伤与孔边分层汇合在一起，结构失效[图 4.26(c)]，试验结束。

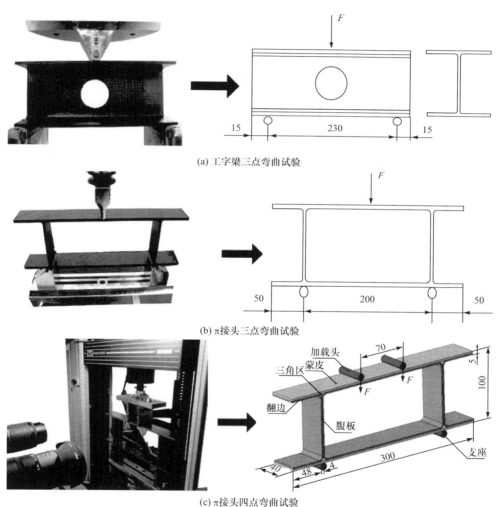

(a) 工字梁三点弯曲试验

(b) π接头三点弯曲试验

(c) π接头四点弯曲试验

图 4.24 工字梁和π接头弯曲试验的载荷与边界条件(单位：mm)

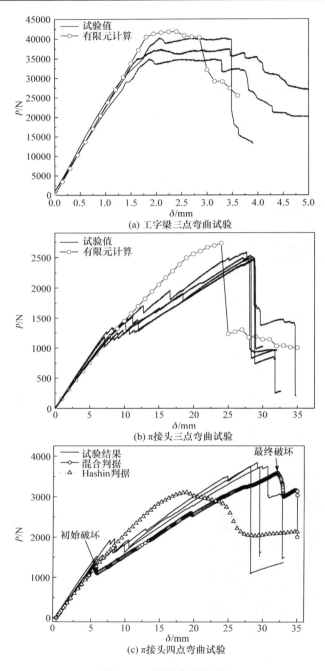

(a) 工字梁三点弯曲试验

(b) π接头三点弯曲试验

(c) π接头四点弯曲试验

图 4.25　载荷-位移曲线

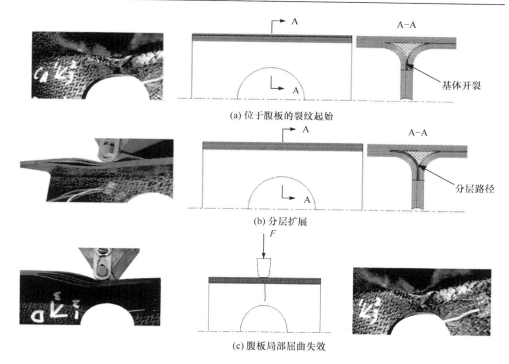

(a) 位于腹板的裂纹起始

(b) 分层扩展

(c) 腹板局部屈曲失效

图 4.26 工字梁三点弯曲失效过程

　　试验测定的复合材料 π 接头三点弯曲载荷-位移试验曲线、失效过程和失效载荷分别如图 4.25 (b)、图 4.27 及表 4.11 所示。试验观测发现，当载荷增加到 1200N 左右时，接头发出轻微响声，观察接头端面发现，在 π 接头上面的一个三角区的圆弧形界面首先出现脱胶[图 4.27(a)]，载荷出现首次下降[图 4.25(b)]，但结构并未整体失效；继续加载，另一个三角区的圆弧形界面也出现脱胶，载荷-位移曲线出现第 2 次降载；随着载荷进一步增加，可听到间歇性的脆响，三角区界面分层缓慢向腹板和蒙皮两个方向扩展，同时，圆弧形腹板翻边的铺层间也出现分层[图 4.27(b)]；此时，在 π 接头加载点下部也可观察到分层，伴随着分层扩展，载荷-位移曲线出现波动；随着载荷的继续增大，三角区的界面分层也不断向蒙皮方向继续扩展，并且加载点的分层也不断向两边扩展，最后，加载点下表面纤维铺层由外向里一层层被拉开，结构整体失效[图 4.27(c)]。

　　试验测定的复合材料 π 接头四点弯曲载荷-位移试验曲线、失效过程和失效载荷分别如图 4.25(c)、图 4.28 及表 4.11 所示。试验观测发现，圆弧形腹板翻边与三角形树脂填充区界面上最先出现基体开裂[图 4.28(a)]，载荷出现一定幅度的下降[图 4.25(c)]；继续加载，界面分层的张开位移进一步扩大，界面分层沿着界面不断扩展[图 4.28(b)]，π 接头的整体弯曲刚度大大降低，此时，圆弧形腹板翻边仍

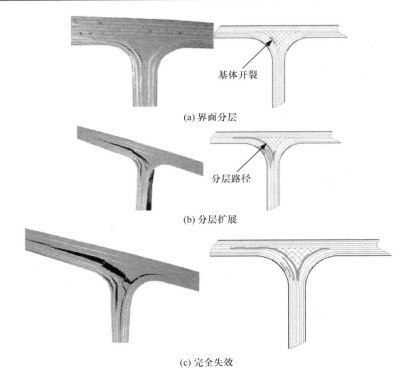

基体开裂

(a) 界面分层

分层路径

(b) 分层扩展

(c) 完全失效

图 4.27　π接头三点弯曲失效过程

有承载能力，继续承受三角区树脂和横梁传递的弯曲力矩；随着载荷的进一步增大，两个加载点处的 π 接头上蒙皮的下表面铺层出现层间剪切分层，并逐渐向上蒙皮中部扩展，直至发生上蒙皮下表面纤维的拉伸断裂，整个 π 接头彻底失效 [图 4.28(c)]，完全失去承载能力。

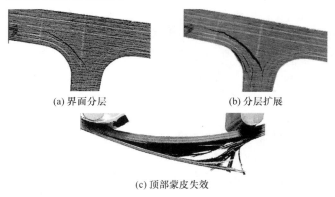

(a) 界面分层　　　　　　　　　　(b) 分层扩展

(c) 顶部蒙皮失效

图 4.28　π接头四点弯曲失效过程

表 4.11　工字梁和 π 接头弯曲失效载荷

数据	初始失效载荷			最终失效载荷		
	工字梁三点弯曲	π 接头三点弯曲	π 接头四点弯曲	工字梁三点弯曲	π 接头三点弯曲	π 接头四点弯曲
试样 1 试验值/N	24000	1229	1523	40000	2505	3760
试样 2 试验值/N	26000	1185	1393	37500	2493	3761
试样 3 试验值/N	28000	1272	1932	35000	2577	3849
试样 4 试验值/N	-	1063	-	-	2480	-
试样 5 试验值/N	-	1195	-	-	2465	-
平均值/N	26000	1189	1616	37500	2504	3790
Hashin 判据预测值/N	-	-	N. A.	-	-	3106.00
相对偏差/%	-	-	N. A.	-	-	18.05
混合判据预测值/N	29227	1319	1285.00	40351	2728	3593.99
相对偏差/%	12.41	10.93	20.48	7.6	8.96	5.17

利用复合材料失效的混合判据，并结合内聚力单元法，通过选取合适的耦合参数，并考虑不同失效模式之间的相互作用，数值模拟复合材料工字梁和 π 接头在三点弯曲和四点弯曲载荷作用下的失效过程[11,12]。根据复合材料工字梁几何参数和尺寸，在 SolidWorks 中建立复合材料工字梁三维模型，将三维模型导入 ANSYS12.0，进行模拟计算。采用 ANSYS12.0 中八节点实体层单元 SOLID46 模拟复合材料工字梁铺层，划分单元时每一层铺层均对应一层单元，以更加精确计算层间应力。使用实体单元 SOLID45 模拟三角区树脂，建立三维有限元模型(图 4.29)，根据复合材料工字梁三点弯曲试验，设置相应的载荷和边界条件，材料力学性能如表 4.12 所示。

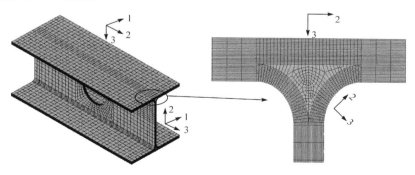

图 4.29　复合材料工字梁三点弯曲有限元模型

表 4.12   U3160/5284 和 CF3031/5284 平面编织复合材料单层力学性能

性能	U3160/5284	CF3031/5284
纵向模量 E_1 / GPa	116.32	6.28
横向模量 E_2 / GPa	8.4	6.12
厚度方向模量 E_3 / GPa	8.4	8.4
泊松比 μ_{12}	0.296	0.0459
泊松比 μ_{13}	0.15	0.15
泊松比 μ_{23}	0.15	0.15
面内剪切模量 G_{12} / GPa	4.1	4.09
层间剪切模量 G_{13} / GPa	3	3
层间剪切模量 G_{23} / GPa	3	3
纵向拉伸强度 X_{1t} / MPa	1415	556
横向拉伸强度 X_{2t} / MPa	43	601
厚度方向拉伸强度 X_{3t} / MPa	23	601
纵向压缩强度 X_{1c} / MPa	993	673
横向压缩强度 X_{2c} / MPa	184	651
厚度方向压缩强度 X_{3c} / MPa	184	651
面内剪切强度 X_{12} / MPa	88.3	83.2
层间内剪切强度 X_{13} / MPa	86	80
层间内剪切强度 X_{23} / MPa	86	80
单层厚度 / mm	0.163	0.225
纤维体积分数 / %	55	55
I 型分层扩展能量释放率 G_{IC} /(kJ/m²)	0.65	
I 型分层扩展能量释放率 G_{IIC} /(kJ/m²)	1.8	

利用有限元模型、混合失效判据和刚度退化准则，模拟了复合材料工字梁三点弯曲渐进损伤过程(图 4.30)，预测的载荷-位移曲线、初始失效载荷和最终失效载荷分别如图 4.25(a)和表 4.11 所示。由图 4.25(a)和表 4.11 可知，有限元预测的载荷-位移曲线与试验结果吻合良好；初始失效载荷和最终失效载荷预测值与试验值之间的相对偏差分别为 12.41%和 7.6%，具有较高的预测精度。模拟结果表明，基体开裂失效首先发生在腹板圆形开孔的上边缘[图 4.30(a)]；随着载荷的增加，基体开裂扩展至上三角区域[图 4.30(b)]，并继续沿着三角区填充物与圆弧形腹板

翻边的界面扩展至上凸缘[图 4.30(c)]，直至完全失效[图 4.30(d)]。初始分层和扩展导致载荷-位移曲线出现若干次的载荷波动，与试验现象吻合良好。

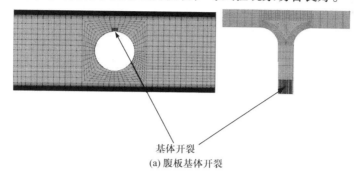

基体开裂

(a) 腹板基体开裂

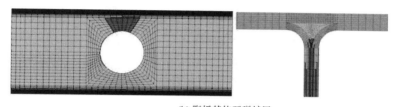

(b) 腹板基体开裂扩展

(c) 三角区附近基体开裂扩展

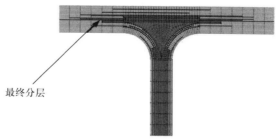

最终分层

(d) 分层失效

图 4.30　复合材料工字梁三点弯曲渐进损伤失效过程

同样地，根据复合材料 π 接头几何形状和尺寸，在 SolidWorks 中建立复合材料 π 接头三维模型，将三维模型导入 ANSYS12.0，进行模拟计算。采用 ANSYS12.0 中八节点实体层单元 SOLID46 模拟复合材料π接头层，划分单元时每一层均对应一层单元，以更加精确计算层间应力，使用实体单元 SOLID45 模拟三角区树脂，建立三维有限元模型(图 4.31)，根据复合材料 π 接头三点弯曲试验，设置相应的载荷和边界条件；材料力学性能如表 4.12 所示，所采用的混合失效判据和刚度退化准则与前述工字梁三点弯曲一致。

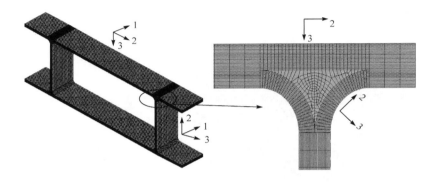

图 4.31　复合材料π接头三点弯曲有限元模型

渐进损伤模拟的复合材料 π 接头三点弯曲载荷-位移曲线、初始失效载荷和最终失效载荷分别如图 4.25(b)和表 4.11 所示。由图 4.25(b)和表 4.11 可知，有限元预测的载荷-位移曲线与试验结果吻合良好，初始失效载荷和最终失效载荷预测值与试验值之间的相对偏差分别为 10.93%和 8.96%，具有较高的预测精度。模拟结果表明，基体开裂首先发生在三角区填充物与圆弧形腹板翻边的界面处[图 4.32(a)]；随着载荷的增加，基体开裂继续沿着三角区填充物与圆弧形腹板翻边的界面扩展至上凸缘[图 4.32(b)]，直至完全失效[图 4.32(c)]，预测结果与试验观测现象吻合。

根据复合材料 π 接头几何形状和尺寸，在 SolidWorks 中建立复合材料 π 接头三维模型(图 4.33)，再将三维模型导入 Abaqus 软件，进行模拟计算。复合材料 π 接头四点弯曲有限元模型中，选用八节点缩减积分 C3D8R 实体单元模拟蒙皮和腹板层合板，共 38808 个单元；采用六节点 C3D6 实体单元模拟三角填充区，共 192 个单元；为了模拟复合材料 π 接头在三角填充区和相邻腹板间界面发生的分层失效，以及 π 接头在上蒙皮横梁区外侧受拉铺层可能的层间分层失效，在以上分层失效区域嵌入一层 0.01mm 厚度的 COH3D8 内聚力单元，共 13392 个单元；同时，为了准确反映内聚力区分层尖端应力分布情况，对层间内聚力网格 COH3D8 进行细分，沿单元长度方向内聚力单元长度是相邻层合板实体单元的 1/3，并采用 "Tie" 技术将内聚力单元与相邻实体单元节点进行捆绑，实现应力的传递。根据

复合材料 π 接头四点弯曲试验，设置相应的载荷和边界条件，材料力学性能如表 4.12 所示。

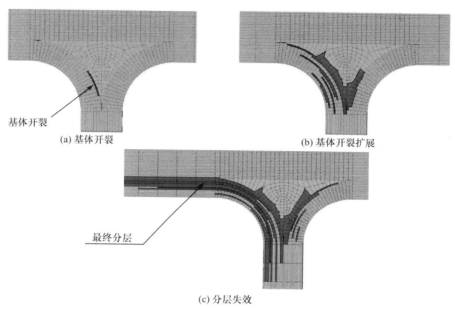

(a) 基体开裂　　　　　　　　　　　　　　　(b) 基体开裂扩展

(c) 分层失效

图 4.32　复合材料π接头三点弯曲渐进损伤失效过程

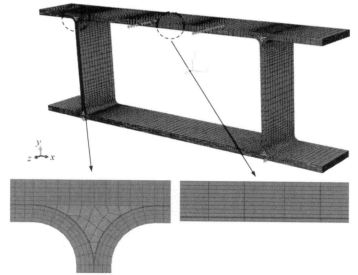

图 4.33　复合材料π接头四点弯曲有限元模型

渐进损伤模拟的复合材料 π 接头四点弯曲载荷-位移曲线、初始失效载荷和最终失效载荷分别如图 4.25(c)和表 4.11 所示。由图 4.25(c)和表 4.11 可知，有限元预测的载荷-位移曲线与试验结果吻合良好，初始失效载荷和最终失效载荷预测值与试验值之间的相对偏差分别为 20.48%和 5.17%，具有较高的预测精度。需要指出，基于 Hashin 判据的渐进损伤分析模型，仅预测了接头的最终失效行为，却未反映由三角填充区开裂导致的载荷初始降载过程，采用 Hashin 判据也未能预测接头初始失效载荷，得到的 π 接头四点弯曲最终失效载荷预测误差高达 18.05%。模拟结果表明，基体开裂首先发生在三角区填充物与圆弧形腹板翻边的界面处[图 4.34(a)]；随着载荷的增加，继续沿着三角区填充物与圆弧形腹板翻边的界面扩展至上凸缘[图 4.34(b)]，直至完全失效[图 4.34(c)和图 4.35]，预测结果与试验结果吻合良好。

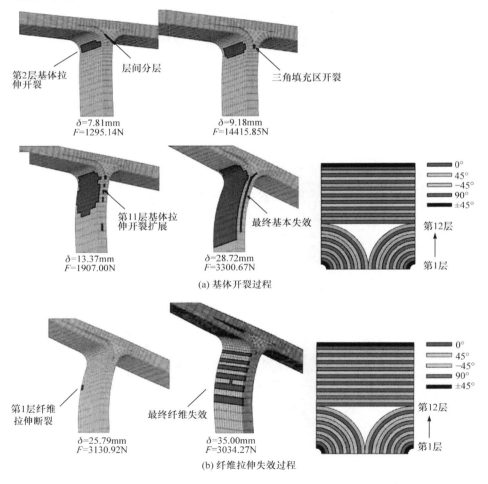

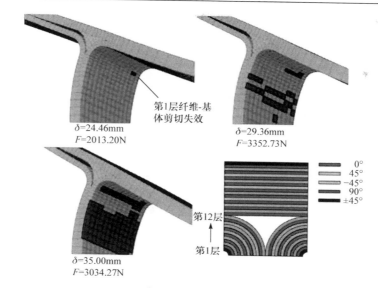

第1层纤维-基体剪切失效

$\delta=24.46$mm
$F=2013.20$N

$\delta=29.36$mm
$F=3352.73$N

$\delta=35.00$mm
$F=3034.27$N

第12层

第1层

0°
45°
−45°
90°
±45°

(c) 纤维-基体剪切失效过程

图 4.34   复合材料π接头四点弯曲渐进损伤失效过程

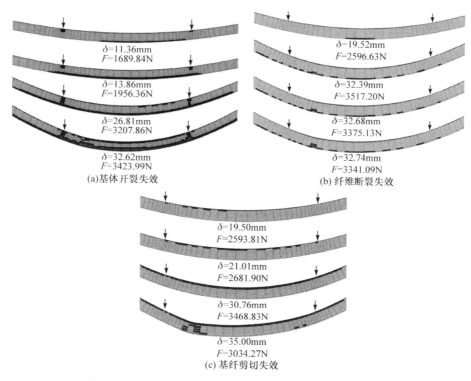

$\delta=11.36$mm
$F=1689.84$N

$\delta=13.86$mm
$F=1956.36$N

$\delta=26.81$mm
$F=3207.86$N

$\delta=32.62$mm
$F=3423.99$N

(a)基体开裂失效

$\delta=19.52$mm
$F=2596.63$N

$\delta=32.39$mm
$F=3517.20$N

$\delta=32.68$mm
$F=3375.13$N

$\delta=32.74$mm
$F=3341.09$N

(b) 纤维断裂失效

$\delta=19.50$mm
$F=2593.81$N

$\delta=21.01$mm
$F=2681.90$N

$\delta=30.76$mm
$F=3468.83$N

$\delta=35.00$mm
$F=3034.27$N

(c) 基纤剪切失效

图 4.35   复合材料π接头四点弯曲上蒙皮渐进损伤失效过程

4.4　复合材料机翼弯曲性能

机翼由左翼、右翼、中央翼和翼梢小翼组成(图 4.36),材料采用 EVONIK 公司提供的 ROHACELL 511G-F 硬质泡沫,增强体采用碳纤维预浸料,其材料力学性能如表 4.13 所示,机翼性能通过三点弯曲试验考核[13,14]。根据机翼的外形,设计并加工了四种机翼内部结构(图 4.37):①蒙皮-夹芯结构[图 4.37(a)]:采用泡沫芯来保持机翼外形,表面铺覆碳纤维蒙皮;②蒙皮-加筋结构[图 4.37(b)]:在机翼靠近前缘处沿翼展方向增加了两根矩形宽筋,矩形筋的位置如图 4.37(e)所示;③前 C 形梁结构和④工字梁结构[图 4.37(c)和图 4.37(d)]:翼梁凸缘位置与矩形筋相同[图 4.37(e)]。复合材料铺层方案如表 4.14 所示。

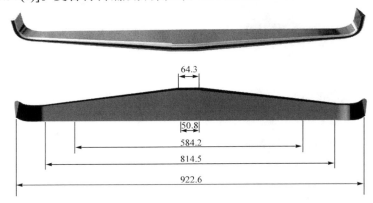

图 4.36　复合材料机翼模型外形尺寸(单位:mm)

表 4.13　泡沫和碳纤维复合材料力学性能参数

USN125B		ROHACELL511G-F 硬质泡沫	
树脂含量/ %	52	压缩强度 X_c / MPa	0.9
面密度/(g/m²)	187	拉伸强度 X_t / MPa	1.9
单层厚度 / mm	0.122	剪切强度 X_{12} / MPa	0.8
0°拉伸强度 X_{1t} / MPa	1384.7	弹性模量 E / MPa	70
0°拉伸模量 E_1 / GPa	140	剪切模量 G / MPa	19
90°拉伸强度 X_{2t} / MPa	22.3	断裂伸长率/ %	3.0
90°拉伸模量 E_2 / GPa	7.1	耐热性能/℃	180
0°压缩强度 X_{1c} / MPa	1000	密度/(g/m³)	52
纵横剪切模量 G_{12} / GPa	4.5		
纵横剪切强度 X_{12} / MPa	80		
泊松比 μ_{12}	0.3		
层间剪切强度 X_{13} / MPa	62.52		

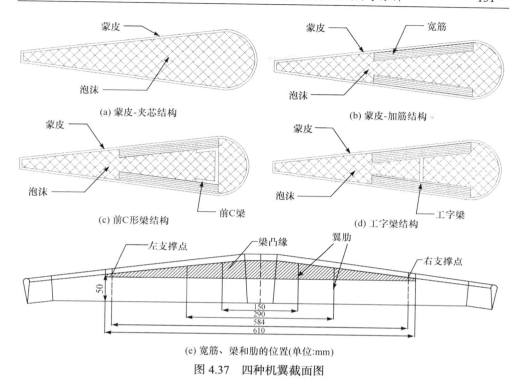

图 4.37 四种机翼截面图

表 4.14 机翼铺层方案

位置	铺层	铺层数
蒙皮	[45/–45/0/45/–45/0]	6
腹板	[45/–45/45/–45/45/–45]$_s$	12
凸缘，宽筋	[0$_3$/45/0$_3$/–45/0$_3$/45/0$_2$/–45/0]$_s$	32

　　将复合材料机翼安装在试验机上进行三点弯曲试验(图 4.38)，采用位移控制加载，加载速率为 2mm/min，试验时，机翼上翼面保持水平，支点处为点接触，试验机自动记录载荷-位移曲线(图 4.39)。由图 4.39 可知，工字梁机翼的失效载荷最大，其次为前 C 形梁机翼，蒙皮-夹芯机翼承载能力最小；两种梁式机翼的结构刚度比另外两种机翼大，工字梁机翼和前 C 形梁机翼的刚度接近，蒙皮-加筋机翼的结构刚度比蒙皮-夹芯机翼有很大提高，由此可知，梁凸缘对结构刚度的影响很大。两种梁式机翼的承载效率远高于另外两种机翼的承载效率，工字梁结构机翼的承载效率最高(表 4.15)。试验过程中，四种机翼在接近其失效载荷时均会断续发出清脆的响声，随着载荷的增大，响声变密、变大。梁式机翼试验过程均发出两次巨大响声，并伴随两次降载(图 4.39)，而无腹板的机翼(包括蒙皮-夹芯和蒙皮-加筋机翼)失效前表现出良好的线弹性。

图 4.38　机翼装夹

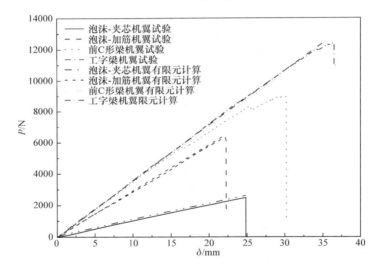

图 4.39　机翼三点弯曲载荷-位移曲线

表 4.15　四种机翼的重量、失效载荷与载荷重量比

机翼类型	重量/ g	失效载荷/N	载荷重量比/(N/g)
蒙皮-夹芯机翼	238.0	2487.87	10.453
蒙皮-加筋机翼	475.0	6389.00	13.451
前 C 形梁机翼	468.3	8947.82	19.107
工字梁机翼	489.8	12496.89	25.514

　　对于蒙皮-夹芯机翼，载荷-位移曲线在机翼最终失效前表现出良好的线弹性，同时，机翼表面未观察到明显的失效特征；当载荷增加到 2487 N 时，机翼突然在

中央翼加载点处折断。对机翼的断口观察发现，其上蒙皮和前后缘均已出现纤维断裂，同时，内部的泡沫也发生失效(图 4.40)。事实上，蒙皮-夹芯机翼上蒙皮承担了绝大部分的正应力和剪应力，蒙皮只有 6 层，且只有两层为 0°层，因而，蒙皮承拉、压的能力较其承剪能力要弱，且复合材料 0°层的抗压缩强度要小于其拉伸强度。在三点弯曲载荷下，中央翼加载处的弯矩最大，在中央翼正中间的截面上，其前缘顶点处离中性面最远，弯曲正应力也最大，故首先在此处发生纤维压缩失效[图 4.41(a)]；接着，蒙皮压缩失效向前、后缘扩展，同时，机翼受拉面蒙皮的最低点也发生拉伸失效[图 4.41(b)]；最终，前、后缘和上蒙皮均失效，导致泡沫也失效[图 4.41(c)]。可见，蒙皮-夹芯机翼可归结为中央翼前缘顶点的压缩失效并扩展导致的最终整体失效。

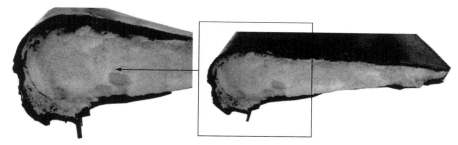

图 4.40　蒙皮-夹芯机翼失效形貌

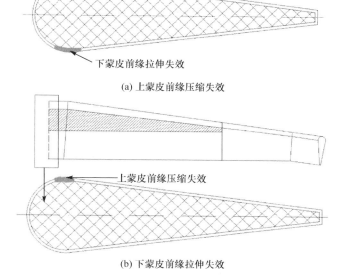

(a) 上蒙皮前缘压缩失效

(b) 下蒙皮前缘拉伸失效

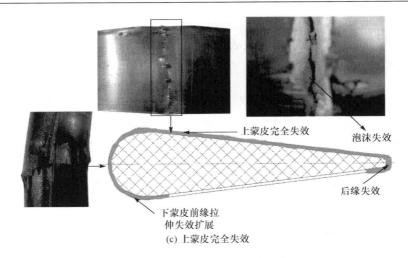

上蒙皮完全失效

泡沫失效

后缘失效

下蒙皮前缘拉
伸失效扩展

(c) 上蒙皮完全失效

图 4.41　蒙皮-夹芯机翼失效过程

对于蒙皮-加筋机翼，试验过程中同样表现出良好的线弹性(图 4.39)，当载荷达到 3000N 时，可听到机翼内部断续发出脆响，但载荷-位移曲线并未出现骤降；当载荷增加到 6489N 时，机翼在支点处突然发生失效(图 4.42)，主要表现为支点处的前缘剪切失效。对于蒙皮-加筋机翼，剪力通过蒙皮形成的闭合腔体承担，蒙皮加筋补强后，机翼承受弯曲正应力的能力得到大幅度提高，而机翼前、后缘因没有进行相应的补强，承担剪力的能力相对较弱，且剪流的最大值出现在截面的中性轴上。因而，支点处前缘中点的剪应力首先达到最大值，超过其失效强度，而发生面内剪切失效[图 4.43(a)]，并向上、下扩展[图 4.43(b)]，最后导致蒙皮与加强筋分层，以及泡沫失效[图 4.43(c)]。由此可见，支点处前缘中点的剪切失效扩展导致蒙皮-加筋机翼的蒙皮与加强筋分层，失效强度主要由复合材料的面内剪切强度决定。

图 4.42　蒙皮-加筋机翼失效形貌

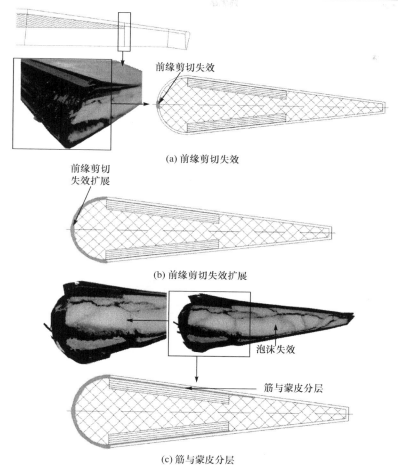

(a) 前缘剪切失效

(b) 前缘剪切失效扩展

(c) 筋与蒙皮分层

图 4.43   蒙皮-加筋机翼失效过程

　　对于前 C 形梁机翼，载荷加到 6000N 时，机翼突然发出巨大响声，载荷随之骤降，但随后又很快上升，此时，结构刚度已略有下降；当载荷增加到 8300N 左右时，机翼再次发出巨响，载荷再次出现骤降和上升(图 4.39)，最终在距支点大约 90mm 处，机翼前缘首先发生折断，并引起支点处前缘失效及上蒙皮分层屈曲(图 4.44)。通过机翼断口分析发现，在远离失效点的截面上，泡沫沿 45°失效，且沿凸缘向后缘扩展[图 4.45(a)和图 4.45(b)]，由此可知，前 C 形梁机翼试验过程出现的两次巨响和降载为泡沫失效及扩展导致。前 C 形梁机翼的弯矩主要由梁凸缘承担，梁腹板将机翼截面分为两个封闭腔体，其承剪能力也得到大幅度提高，泡沫失效对机翼的承载影响不大，故机翼在两次降载后仍能承受很大载荷，直至最终失效。由于正应力和剪应力均在机翼前缘出现极值，因而，前缘是失效的危险点；随着载荷继续增大，在距支点大约 90mm 的地方，前缘首先发生剪切失效，并迅速扩展至整个上、下蒙皮[图 4.45(c)]，导致下蒙皮分层[图 4.45(d)]；然后，泡沫失效与下蒙皮分层沿展向扩展，造成支点处上下蒙皮分层和前缘剪切失效[图 4.45(e)]，同时，分层导致上蒙皮屈曲，所以，前 C 形梁机翼的失效模式为支点与中央翼间的前缘剪切失效，蒙皮分层和泡沫失效导致支点处前缘发生剪切失效以及上蒙皮屈曲分层。

对于工字梁机翼，当载荷增加至 12000N 时，机翼连续发出两次巨响，载荷-位移曲线也出现两次波动(图 4.39)，继续加载，机翼在支点与加载点中间的前缘发生失效，然后，损伤向后缘扩展(图 4.46)，导致机翼失效。通过工字梁机翼断口分析发现，上凸缘与蒙皮发生分层[图 4.47(a)]，而工字梁与泡沫均未发生失效，

图 4.44　前 C 形梁机翼失效形貌

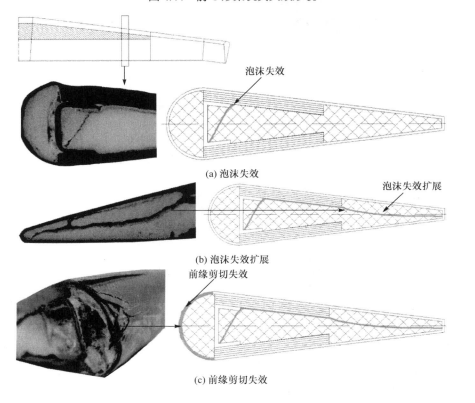

(a) 泡沫失效

(b) 泡沫失效扩展

(c) 前缘剪切失效

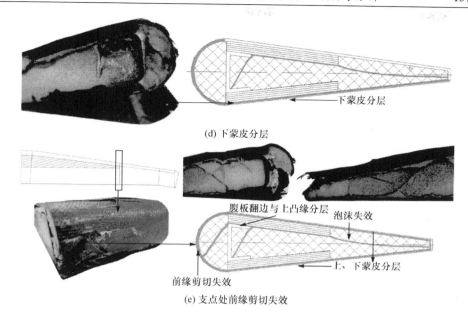

(d) 下蒙皮分层

(e) 支点处前缘剪切失效

图 4.45　前 C 形梁机翼失效过程

机翼试验过程发出的两次响声是由上凸缘与蒙皮分层导致。对于工字梁机翼，在三点弯曲载荷下，凸缘与蒙皮之间的凸台，存在应力集中，导致层间分层；上凸缘分层后，机翼由原来的双闭室变为单闭室，前缘上部的剪应力变大，但弯矩仍由凸缘承担，分层对凸缘承弯能力影响不大，所以，与前 C 形梁机翼传力形式相似，工字梁机翼危险截面也在支点与加载点之间，并在前缘上部首先发生剪切失效[图 4.47(b)]。由于蒙皮绝大部分为±45°铺层，因此前缘的剪切失效近似沿 45°方向往后缘扩展[图 4.47(c)]，并且蒙皮分层沿展向扩展，最终导致机翼失去承载能力。由此可知，工字梁机翼的失效可归结为上凸缘与蒙皮的分层导致前缘剪切失效，蒙皮剪切失效沿 45°方向往后缘扩展，造成机翼失效。

图 4.46　工字梁机翼失效形貌

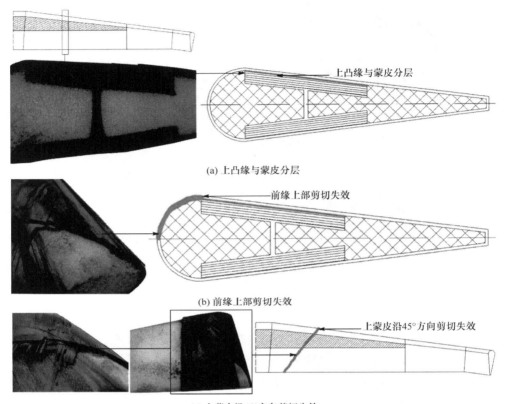

(a) 上凸缘与蒙皮分层

(b) 前缘上部剪切失效

(c) 上蒙皮沿45°方向剪切失效

图 4.47　工字梁机翼失效过程

　　总之，蒙皮-夹芯机翼的失效主要由中央翼加载处前缘顶点压缩失效导致，其承载能力由蒙皮的压缩强度决定；蒙皮-加筋机翼的失效主要由支点处前缘中点剪切失效造成，其失效强度由蒙皮的面内剪切强度决定；前 C 形梁机翼是机翼前缘剪切失效扩展，导致下蒙皮分层和上蒙皮屈曲失效；工字梁机翼则是上凸缘与蒙皮分层导致支点与加载点间的前缘上部剪切失效，蒙皮剪切失效往后缘扩展造成机翼最终失效。

　　由于机翼的对称性，选取右翼至三点弯曲试验支点处的部分作为研究对象，采用 Abaqus 软件，建立蒙皮-夹芯机翼三维实体模型(图 4.48)，二十节点缩减积分三维实体单元 C3D20R 模拟泡沫，八节点缩减积分三维壳单元 S8R 模拟复合材料蒙皮，并在右翼翼根处施加固支约束，在三点弯曲支点处施加 1000N 的外载荷。机翼材料力学性能和复合材料铺层如表 4.13 和表 4.14 所示，其中，纤维 0°方向沿翼展方向，90°方向沿机翼弦向。采用渐进损伤算法，利用上述有限元模型，对四种机翼三点弯曲下的力学响应进行数值模拟(图 4.39 和图 4.49)。

从图 4.39 和图 4.49 可见，有限元线性分析结果与四种机翼失效前试验结果吻合良好；最大位移为 23.75mm，与试验中 24.84mm 的变形相吻合[图 4.49(a)]；在 2500N 的外载荷下，泡沫的最大等效应力为 1.094MPa[图 4.49(b)]，超过了泡沫 0.9MPa 的压缩强度，说明泡沫已经失效，这与试验现象吻合；蒙皮最大拉、压应力和剪应力均出现在约束端前缘(即试验时的加载端)，最大弯曲正应力为 1381MPa[图 4.49(c)和图 4.49(d)]，接近材料的拉伸失效强度 1384MPa；由于复合材料的 0°向的压缩强度比拉伸强度略低，最终失效为上蒙皮的压缩失效，这与机翼试验时表现为正中间上蒙皮的压缩失效一致。

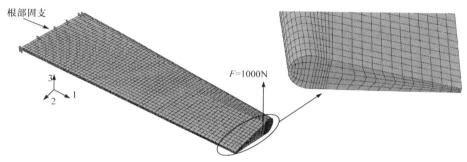

图 4.48　右翼三维有限元模型

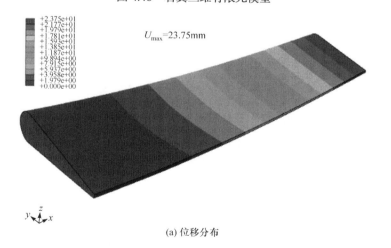

(a) 位移分布

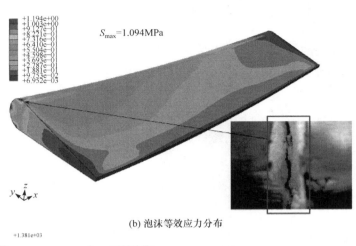

(b) 泡沫等效应力分布

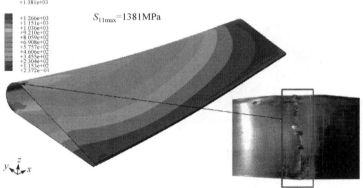

(c) 蒙皮0°向应力分布

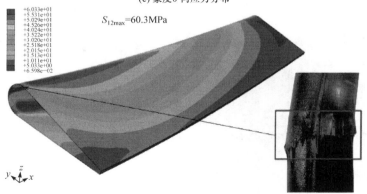

(d) 蒙皮面内剪切应力分布

图 4.49　有限元模拟结果

4.5　复合材料弹翼静动力学性能

弹翼[图 4.50(a)]由 TC4 钛合金骨架[图 4.50(b)]、泡沫铝填充料[图 4.50(c)和图 4.50(d)]、BMP350 聚酰亚胺复合材料(增强材料为 T800 碳纤维)蒙皮[图 4.50(e)和图 4.50(f)]组成,泡沫铝用作填充钛合金骨架的减重孔隙,耐高温的 BMP350 聚酰亚胺复合材料蒙皮包覆骨架表面,用作隔热、承受并传递气动载荷。弹翼形状和尺寸如图 4.50(a)所示,弹翼厚 6mm,其中骨架厚 4mm,上、下蒙皮厚度均为 1mm,由单层 0.2mm 厚平纹布和总厚度为 0.8mm 的 6 层单向带组成,单向带各层厚度相同。BMP350 聚酰亚胺树脂具有良好的耐热氧化稳定性能和优异的高温力学性能,可用热压罐或模压方法成型,在 350℃条件下可长期工作,在 400℃条件下可短时工作,因而,选用为弹翼蒙皮材料;弹翼填充材料选用铝丝缠绕的泡沫铝板(图 4.51),具有重量轻、耐高温等优点。

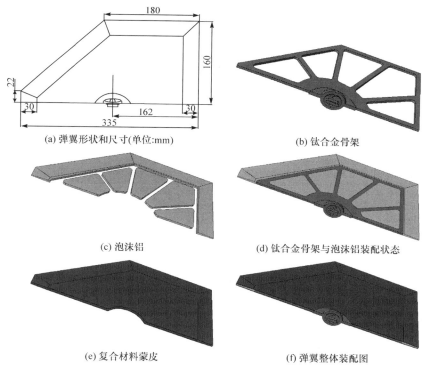

(a) 弹翼形状和尺寸(单位:mm)

(b) 钛合金骨架

(c) 泡沫铝

(d) 钛合金骨架与泡沫铝装配状态

(e) 复合材料蒙皮

(f) 弹翼整体装配图

图 4.50　复合材料弹翼组成及其几何模型

(a) 铝板

(b) 局部放大

图 4.51　泡沫铝板照片

　　将复合材料弹翼根部固支在试验台架上[图 4.52(a)]，然后，采用液压伺服作动器，在压心位置上向下施加载荷[图 4.52(b)，坐标原点位于根部带孔圆面的圆心]，每施加 200N 测量并记录弹翼的位移，位移采用千分尺进行测量，试验测定的弹翼载荷-位移曲线如图 4.53 所示。从图 4.53 发现，刚开始加载时，弹翼载荷与位移之间关系接近线性。当载荷达到 1200N 时，在复合材料弹翼蒙皮与骨架根部月牙形台阶胶接界面首先出现脱胶，结构刚度下降，载荷-位移曲线的斜率降低，随着载荷继续加大，弹翼的蒙皮与钛合金骨架出现层间分层扩展，载荷增大至 1800N 时，试验终止，但弹翼并未完全失去承载能力。由于在弹翼根部月牙形台阶处，蒙皮与弹翼接头只靠树脂连接，而树脂强度及弹性模量均远低于钛合金与蒙皮复合材料，故当弹翼承受弯曲载荷时，上蒙皮受拉，且随着载荷增大，树脂应力首先达到失效强度，此处最先出现树脂脱胶，导致树脂不能将上蒙皮月牙形根部的拉伸正应力传递给钛合金骨架，上蒙皮的载荷只能通过剪应力形式传递到弹翼的骨架上，这加剧了上蒙皮根部的层间剪应力，导致上蒙皮与钛合金骨架分层继续扩展。由于弹翼载荷主要由骨架和蒙皮承担，复合材料蒙皮与钛合金骨架分离后，弹翼结构上不再是一个整体，其刚度下降，但钛合金骨架并未失效，弹翼仍有一定承载。

(a) 弹翼试验夹装

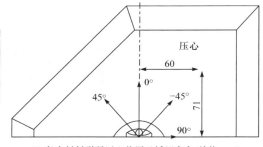
(b) 复合材料弹翼压心位置及铺层方向(单位:mm)

图 4.52　复合材料弹翼静力试验

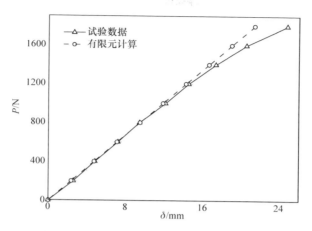

图 4.53　复合材料弹翼静力载荷-位移曲线

　　采用锤击法，测量弹翼在根部固支和自由边界条件下的频率和振型，将 9 个加速度传感器布置在弹翼的下表面不同位置，在传感器 5 附近设置激振点(图 4.54)。为模拟弹翼根部固支边界条件，先将弹翼固支夹具固定在刚性基础上，再将弹翼根部固定在夹具上[图 4.55(a)]；而弹翼自由边界条件则采用弹性绳将弹翼悬挂在试验台架上实现[图 4.55(b)]。试验测定的弹翼前三阶频率和振型如表 4.16 所示，由表 4.16 可见，弹翼自由边界条件下模态各阶频率均高于根部固支边界条件下相应的各阶频率，这主要是由边界条件改变而导致的结果。

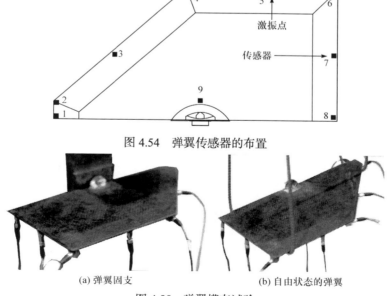

图 4.54　弹翼传感器的布置

(a) 弹翼固支　　　　　　　(b) 自由状态的弹翼

图 4.55　弹翼模态试验

表 4.16 模态试验结果

阶次	弹翼自由		弹翼固支	
	振型	频率/Hz	振型	频率/Hz
一阶		263.7		112
二阶		389.8		185.8
三阶		551.5		254.2

　　根据图 4.50 所示的复合材料弹翼模型，建立了静动力学分析的有限元模型 (图 4.56)，选用实体单元 C3D20R 模拟复合材料蒙皮[图 4.56(a)]，实体单元 C3D1 模拟钛合金骨架和泡沫铝[图 4.56(b)和图 4.56(c)]，两种单元数量分别为 20647 和 3616。由于在钛合金骨架根部月牙形台阶处，复合材料蒙皮和钛合金骨架仅靠树脂连接，因此，有限元建模时，在台阶处嵌入了 2mm 的树脂层[图 4.56(d)]。材料力学性能如表 4.17 所示，图 4.57(a)和图 4.57(b)分别示出了复合材料弹翼根部固支边界条件和自由边界条件，静力分析时，在压心处的 16 个节点上施加向下的载荷。

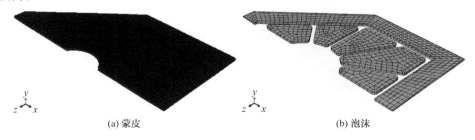

(a) 蒙皮　　　　　　　　　　(b) 泡沫

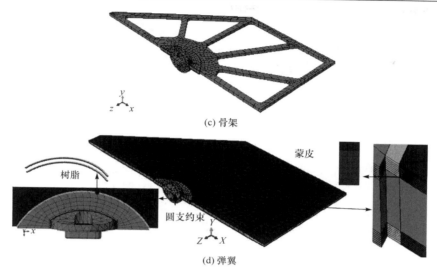

(c) 骨架

(d) 弹翼

图 4.56　有限元模型

表 4.17　材料力学性能

性能	平纹布	单向带	钛合金	铝泡沫	树脂
密度/(g/mm³)	1.58×10^{-9}	1.58×10^{-9}	4.49×10^{-9}	2.7×10^{-10}	9×10^{-10}
弹性模量 E_1 / MPa	68000	134000	110000	2740	3500
弹性模量 E_2 / MPa	52000	8040	-	-	-
泊松比 μ_{12}	0.035	0.319	0.3	0.33	0.3
泊松比 μ_{13}	0.15	0.15	-	-	-
泊松比 μ_{23}	0.15	0.15	-	-	-
剪切弹性模量 G_{12} / GPa	4.40	4.32	-	-	-
剪切弹性模量 G_{13} / GPa	3.50	3.50	-	-	-
剪切弹性模量 G_{23} / GPa	3.50	3.50	-	-	-
纵向拉伸强度 X_{1t} / MPa	612.9	1607	900		68.2
横向拉伸强度 X_{2t} / MPa	470.8	68.2	-	-	-
纵向压缩强度 X_{1c} / MPa	608	1267		2	-
横向压缩强度 X_{2c} / MPa	507.5	202.4	-	-	-
面内剪切强度 X_{12} / MPa	-	99	-	-	-
横向剪切强度 X_{13} / MPa	-	114	-	-	-
横向剪切强度 X_{23} / MPa	-	114	-	-	-
单层厚度/ mm	0.2	0.13	-	-	-

(a) 固支边界　　　　　　　　　　(b) 自由边界

图 4.57　载荷与边界条件

图 4.53 和图 4.58 分别给出了有限元模拟的弹翼压载下的载荷-位移曲线和应力分布，从图 4.53 和图 4.58 可知，有限元模拟与试验测定的载荷-位移曲线线性段(即载荷小于 1200N)吻合良好；当载荷达到 1252.3N 时，树脂应力为 68.2MPa，恰好达到聚酰亚胺树脂强度，聚酰亚胺树脂失效，此时，钛合金骨架最大应力为 879.8MPa，小于钛合金强度，所以，极限载荷时，首先在复合材料蒙皮与钛合金骨架根部月牙形台阶之间的聚酰亚胺树脂处失效；有限元模拟的失效载荷 1252.3N 比试验中弹翼出现初始损伤的载荷 1200N 大，相对偏差为 4.36%。这是由于有限元模型模拟理想刚度状态的复合材料弹翼受力，即弹翼的载荷与边界条件、材料性能均为理想状态，而试验中存在加载摩擦力损失、弹性边界约束(非理想刚性约束)、材料软化等因素，导致弹翼刚度有所降低。

有限元模拟复合材料弹翼的前三阶模态如表 4.18 和表 4.19 所示，由表 4.18 和表 4.19 可知，根部固支约束和自由状态下，模拟的固有频率和振型与试验结果吻合良好。

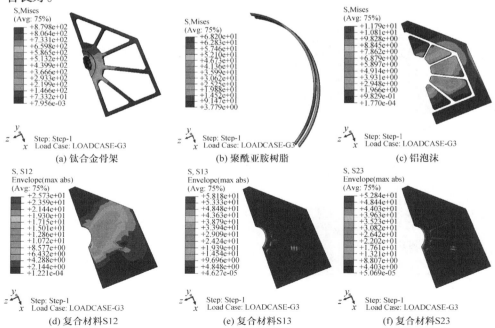

(a) 钛合金骨架　　　　　(b) 聚酰亚胺树脂　　　　　(c) 铝泡沫

(d) 复合材料S12　　　　(e) 复合材料S13　　　　(f) 复合材料S23

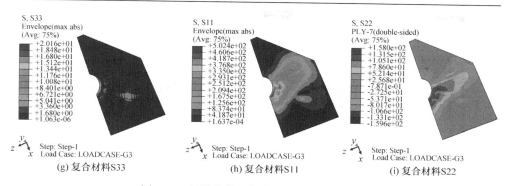

(g) 复合材料S33　　　　　　(h) 复合材料S11　　　　　　(i) 复合材料S22

图 4.58　极限载荷下复合材料弹翼应力分布

表 4.18　前三阶模态频率

模态阶次	固支			自由		
	一阶	二阶	三阶	一阶	二阶	三阶
有限元模拟值/ Hz	124.0	198.8	257.4	233.7	406.6	537.0
试验值/ Hz	112	185.8	254.2	263.7	389.8	551.5
相对偏差/ %	10.68	7.00	1.27	11.39	4.31	2.62

表 4.19　弹翼前三阶模态振型有限元结果

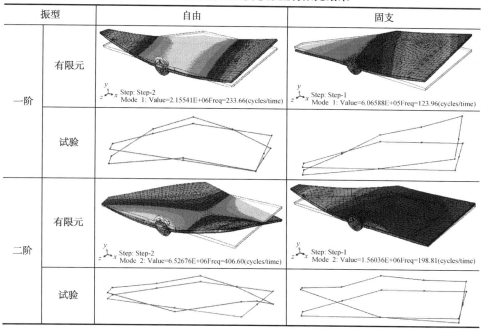

续表

振型		自由	固支
三阶	有限元	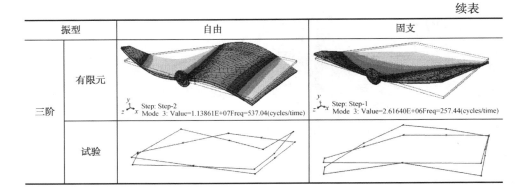 Step: Step-2 Mode 3: Value=1.13861E+07Freq=537.04(cycles/time)	Step: Step-1 Mode 3: Value=2.61640E+06Freq=257.44(cycles/time)
	试验		

4.6　直升机复合材料尾段结构静强度与疲劳寿命

4.6.1　直升机尾段结构构成

某直升机尾段结构由壁板和框等构成(图 4.59)，其中，尾 1 框与机身过渡段对接，尾部与斜梁通过对接接头连接(图 4.60)。尾梁平台、左右壁板和底部蒙皮与长桁，以及尾 2 框～尾 9 框为复合材料层压板整体加筋结构；中段和后段侧壁板为复合材料蜂窝夹层结构；盖板、尾 10 框～尾 13 框、尾梁下接头框和连接接头为金属结构。尾段结构选用的材料体系及其力学性能分别如表 4.20～表 4.23 所示，其中，层压板和夹层结构采用常见表示方法，即(±45)

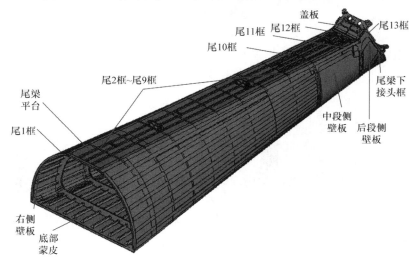

图 4.59　某直升机尾段结构构成

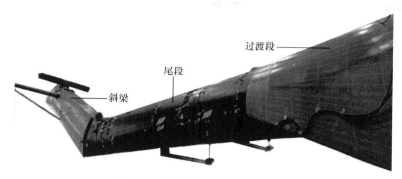

图 4.60　尾段结构与其他部件连接

和(0,90)表示编号 1 和 2 的编织布，0 和 90 表示编号 3 和 4 的单向带，0_T 和 90_T 表示编号 5 的单向带；坐标系采用机体坐标系，即 x 轴平行水平基准线，向后为正，y 轴垂直机身纵向对称面，顺航向视图向右为正，z 轴按右手法则确定，向上为正。

表 4.20　尾段结构复合材料铺层

部位	区域	铺层
平台壁板	尾 1 框~ 尾 3 框	$[(\pm45)/0_3/(\pm45)/0_3/\overline{(0,90)}]_s$
	尾 5 框~ 尾 12 框	$[(\pm45)/0_3/\overline{(0,90)}]_s$
	长桁	$[(\pm45)/0_2/\overline{0}]_s$
	其他	按较薄铺层
左侧壁板	尾 1 框 ~尾 2 框	$[(\pm45)/0_2/(\pm45)0_2/\overline{(0,90)}]_s$
	尾 3 框 ~尾 10 框	$[(\pm45)/0/\overline{(0,90)}]_s$
	1 号~6 号 长桁	$[(\pm45)/0_T/0/0_T/(\pm45)/0_T]$
	7 号长桁	$[(\pm45)/0_T/0/$ $(\pm45)/0_T/(\pm45)0_T]$
	其余	$[(\pm45)/0_2/\overline{(0,90)}]_s$
右侧壁板	尾 1 框 ~尾 2 框	$[(\pm45)/0_3/(\pm45)/0/\overline{(0,90)}]_s$
	尾 3 框 ~尾 10 框	$[(\pm45)/0/(\pm45)]_s$

续表

部位	区域	铺层		
右侧壁板	1号~4号长桁	$[(\pm45)/0_T/0/0_T/(\pm45)/0_T]$		
	5号~7号长桁	$[(\pm45)/0_T/0/(\pm45)/0_T/(\pm45)0_T]$		
	其余	$[(\pm45)/0/(\pm45)/\overline{(0,90)}]_s$		
底部蒙皮	尾1框~尾2框	$[(\pm45)/0_3/(\pm45)/0_3/\overline{(0,90)}]_s$		
	尾3框~尾10框	$[(\pm45)/0_2/(0.90)/0(\pm45)/0/(\pm45)]$		
	8号~16号长桁	$[(\pm45)/0_T/0/0_T/(\pm45)/0_T]$		
	17号长桁	$[(\pm45)/0_T/0/(\pm45)/0_T/(\pm45)0_T]$		
	其余	$[(\pm45)/0_2/\overline{(0.90)}]_s$		
中段侧壁版	上部带板	$[(\pm45)/0_3/\overline{(0.90)}]_s$	下连接角材	$[(\pm45)/0_3/\overline{(0,90)}]_s$
	蜂窝区	$[(\pm45)/0_2/(\pm45)/0/(0.90)/0/(\pm45)/C_{10}/0/(\pm45)]$		
	收边区	$[(\pm45)/0_2/(\pm45)/0_3/(0.90)]_s$		
	其余	$[(\pm45)/0_2/(\pm45)/0_3/\overline{(0.90)}]_s$		
后段侧壁版	蜂窝区	$[(\pm45)/0_2(0,90)/0_3/C_{10}/0/(\pm45)]$		
	收边区	$[(\pm45)/0_2/(0.90)/0_3/(0.90)/0_2\overline{(\pm45)}]_s$		
尾2框~尾9框	腹板和外凸缘	$[(\pm45)/0_2/\overline{(0.90)}]_s$		
	内凸缘	$[(\pm45)/0_3/\overline{(0.90)}]_s$		

注：尾梁其余部位为金属材料.

表 4.21　金属材料力学性能

编号	E / GPa	μ	σ_b / MPa
1	68	0.33	390
2	71	0.33	390
3	72	0.3	475
4	196	0.3	1080
5	191	0.3	1565

表 4.22　复合材料力学性能

编号	t / mm	E_{11} / GPa	E_{22} / GPa	μ_{12}	G_{12} / GPa
1	0.302	64.8	61.5	0.05	5.21
2	0.314	62.8	59.5	0.052	5.365
3	0.160	126.3	9.32	0.286	4.94
4	0.166	123.7	10.3	0.292	4.75
5	0.138	125.9	9.76	0.306	4.87

表 4.23　夹芯力学性能

编号	G_{13} / MPa	G_{23} / MPa	E_{33} / MPa	X_{13} / MPa	X_{23} / MPa
1	28.4	13.2	40	0.62	0.36

4.6.2　静力与疲劳试验

　　分别选取左偏航状态 80%极限载荷和两点水平着陆状态 100%极限载荷，进行尾段结构静力试验。试验件采用承力墙支持，尾段试验件与过渡段对接后，过渡段端部对接框与试验夹具通过螺栓对接。试验件安装后，上平台平面处于水平状态(图 4.60)。尾段各框部位的载荷通过粘贴胶布带加载，平尾、管梁载荷通过管梁假件加载，尾桨、尾桨叶、尾减速器载荷通过尾桨假件加载。经过试验载荷等效计算，加载点位置和载荷大小分别如图 4.61、图 4.62、表 4.24 和表 4.25 所示，虚线表示载荷施加点位于对侧。

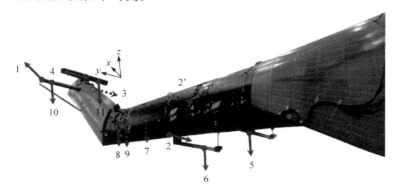

图 4.61　左偏航状态载荷示意图

图 4.62　两点水平着陆状态载荷示意图

表 4.24　左偏航状态载荷

加载点号	名称	载荷方向	加载点中心坐标 / mm			局部承载/ N
			x	y	z	
1	平尾	P_x 向后	18085	1151	3075	1543
2	W8 框		14650	90	1998	−826.6
		P_y 向左	14650	−240	1233.3	−1543.4
3	管梁组件		18085	-	3075	−1126
4	尾减速器+尾桨	P_y 向右	18085	-	3465	20453
5	W3 框		12600	−758.3	1259.4	−651.3
			12600	758.3	1259.4	−505.7
6	W6 框		13830	−575.3	1356.3	−648.7
			13830	−571.2	1455.3	−648.7
			13830	575.3	1356.3	−570.8
		P_z 向下	13830	571.2	1455.3	−570.8
7	W10 框		15470	−331.4	1485.2	−212
8	斜框		16267	−255	1804.8	−2142.3
9			16267	255	1804.8	−182.7
10	管梁组件+平尾		18085	1037.9	3075	−7655
11	尾减速器+尾桨		18085	−398.9	3465	−5118

表 4.25　两点水平着陆状态载荷

加载点号	名称	载荷方向	着力点中心坐标 / mm			局部承载/ N
			x	y	z	
1	尾管梁	P_x 向后	18085	393	3075	282
2	尾减速器+尾桨叶		18085	−399.7	3465	1260
3	W3 框		12600	−758.3	1259.4	−1459.6
			12600	758.3	1259.4	−1064.4
4	W6 框		13830	−575.3	1356.3	−1425.5
			13830	−571.2	1455.3	−1425.5
			13830	575.3	1356.3	−1425.5
			13830	571.2	1455.3	−1425.5
5	W10 框	P_z 向下	15470	−331.4	1485.2	−129
			15470	331.4	1485.2	−181
6	斜框		16267	−255	1804.8	−2950.1
			16267	255	1804.8	−3191.9
7	尾管梁		18085	319.2	3075	−4496
8	尾减速器+尾桨叶		18085	−399.7	3465	−14184

　　静力试验前，对尾段结构试验件预制内部分层缺陷，预制内部分层缺陷位置如图 4.63 和图 4.64 所示，其中，图 4.64(a)～图 4.64(c)分别对应 ϕ9 mm 蒙皮分层缺陷、ϕ16mm 外蒙皮分层缺陷，以及 ϕ16 mm 的内蒙皮分层缺陷。此外，还对尾段结构试验件预制了三处低速冲击缺陷(图 4.65)，分别位于传动平台 W10 框后、侧壁板 W7 框与 W8 框之间、底部蒙皮 W2 框与 W3 框之间；采用直径为 ϕ16 mm 的冲击头对尾段结构指定部位进行规定能量的低速冲击，并采用挡板插入的方式防止二次冲击，冲击试验结果均为击穿。

　　在试验过程中，逐级协调加载，每级增大 10%极限载荷，直至限制载荷，保载 30 秒；然后，按每级 5%极限载荷增大载荷，逐级协调加载至 80%极限载荷，保载 3 秒后，卸载到 0，逐级测量应变及变形。需要指出的是，试验过程中，需要逐级测量尾段结构 5 个截面测量点的应变(图 4.66)，其中，截面 1 位于 W11 框后、截面 2 位于 W10 框后、截面 3 位于 W4 框与 W5 框中部、截面 4 位于 W3 与 W4 框中部、截面 5 位于尾1框后；每个截面布置 8 个应变片，截面 1、2、3、4、5 测量点位置如图 4.67 所示，两种载荷状态下各截面的应变测量结果如图 4.68 和图 4.69 所示。此外，在 W2、W4、W7、W11 框两侧，左右对称测量 y 和 z 向变形(图 4.66)；左侧从前向后分别记为 1、2、3、4，右侧从后向前分别记为 5、6、7、8；位移传感器向内压缩为正，向外拉伸为负；位移测量结果如图 4.70 所示。

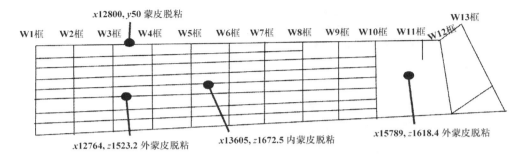

图 4.63　尾段预制缺陷位置示意图

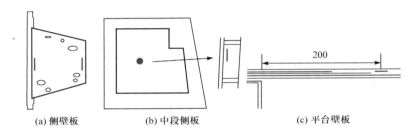

(a) 侧壁板　　　　(b) 中段侧板　　　　(c) 平台壁板

图 4.64　预制分层缺陷示意图(单位：mm)

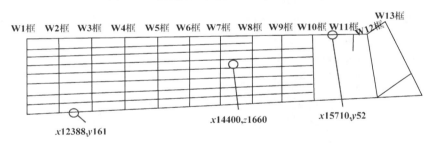

图 4.65　尾段结构冲击缺陷位置示意图

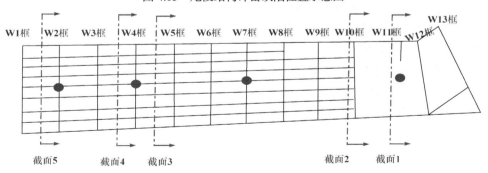

图 4.66　尾段试验测量点示意图

●位移测量点

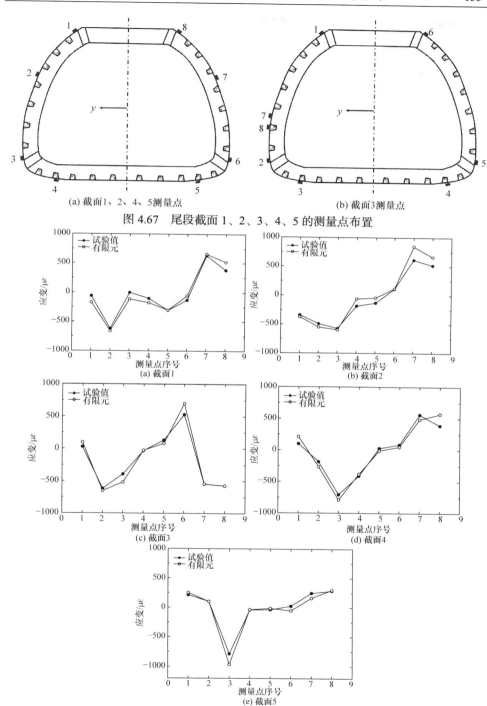

(a) 截面1、2、4、5测量点　　　　　　(b) 截面3测量点

图 4.67　尾段截面 1、2、3、4、5 的测量点布置

图 4.68　左偏航状态 80%极限载荷下各截面应变

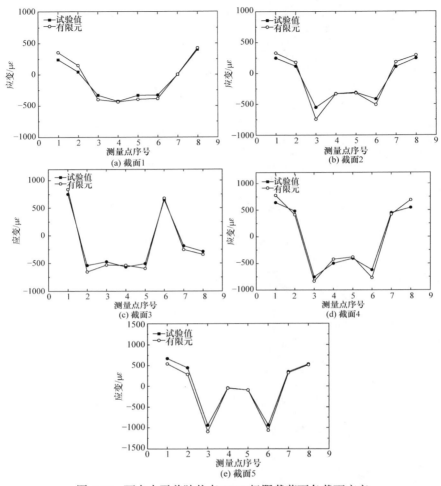

图 4.69 两点水平着陆状态 100%极限载荷下各截面应变

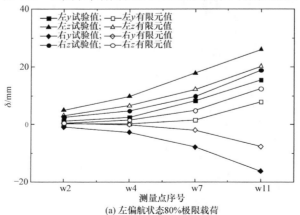

(a) 左偏航状态80%极限载荷

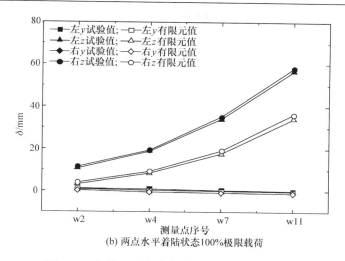

(b) 两点水平着陆状态100%极限载荷

图 4.70　各截面位移试验值与有限元模拟值对比

　　事实上，左偏航状态下，尾段承受 y 向和 z 向集中力共同作用，由材料力学和结构力学知识可知，截面应变在应变片 3 位置达到最小，在应变片 7 或 8 处达到最大(图 4.71)；每个截面的几何形状略有变化，会导致最大值和最小值点略有变动，而应变片 8 所在位置因带板加强，等效弹性模量偏大，应变会变小。又由于尾段承受 y 向和 z 向集中力共同作用，截面 z 向位移沿尾段结构尾向逐步增大，y 向集中力使尾段结构受弯矩作用而一侧受压、另一侧受拉，因此，尾段结构左侧和右侧的 y 向位移相反，但都沿尾向增大。由此可见，左偏航状态的试验数据合理。

　　两点水平着陆状态下，尾段结构主要承受 x 向和 z 向集中力，同理可知，截面应变都是从正应变减小至负应变，再增大至正应变(图 4.72)。这是由于过渡段属开口结构，而尾段结构属封闭结构，过渡段开口部位几乎不传递尾段结构载荷，靠近过渡段的截面应变片 3 和 6 为最大负应变，而应变片 4 和 5 几乎不受力，仅为较小的负值，因此，截面应变按 W 形折线变化。又由于尾段结构主要承受 x 向和 z 向集中力，截面 z 向位移沿尾段结构尾向逐步增大，y 向位移都较小。同样地，两点水平着陆状态的试验数据也合理。

　　尾段结构的疲劳试验载荷谱和加载点的坐标如图 4.73 表 4.26 及表 4.27 所示，施加 1 个周期(即 1 个谱块)的载荷谱块相当于尾段承受 1000 飞行小时的疲劳载荷。尾段首先完成了 48 块谱载的疲劳试验，并进行了多次无损检测，检测结果均未发现初始缺陷和冲击损伤的扩展；然后，在尾段结构原先的冲击点部位，进行更大冲击能量的冲击试验，增大该部位的冲击损伤量，再进行 8 个谱块疲劳试验，无损检测发现冲击点的损伤出现了明显扩展，缺陷尺寸由原来的 33mm×21mm

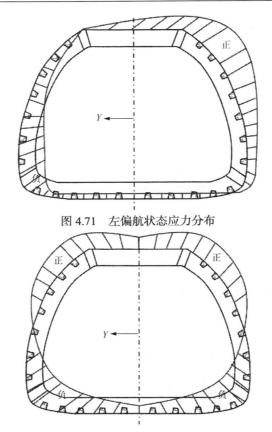

图 4.71　左偏航状态应力分布

图 4.72　两点水平着陆状态应力分布

扩展为 37.5mm×22mm，随后，终止试验，尾段结构总共进行了 56 个谱块的疲劳试验。

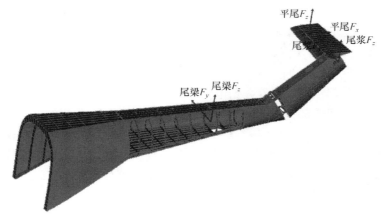

图 4.73　疲劳载荷加载点

表 4.26　疲劳试验载荷谱

试验程序		尾梁载荷/ N		尾桨载荷/ N		平尾载荷/ N	
		F_y	F_z	F_y	F_z	F_x	F_z
任务系列 1 重复 700 次循环	1-1	0	0	0	0	0	0
	1-2	−1141	−575	10120	−2331	0	0
	1-3	0	0	0	0	0	0
任务系列 2 重复 700 次循环	2-1	0	0	0	0	0	0
	2-2	1889	1807	6174	−4369	1854	−2649
	2-3	0	0	0	0	0	0
任务系列 3 重复 600 次循环	3-1	0	0	0	0	0	0
	3-2	1889	1807	6174	−4369	1854	−2649
	3-3	496	173	1961	−2796	476	−681
	3-4	1889	1807	6174	−4369	1854	−2649
	3-5	0	0	0	0	0	0
任务系列 4 重复 420 次循环	4-1	0	0	0	0	0	0
	4-2	−1393	−712	11501	−2263	0	0
	4-3	0	0	0	0	0	0
任务系列 5 重复 420 次循环	5-1	0	0	0	0	0	0
	5-2	1833	1746	6676	−4378	1758	−2512
	5-3	0	0	0	0	0	0
任务系列 6 重复 360 次循环	6-1	0	0	0	0	0	0
	6-2	1833	1746	6676	−4378	1758	−2512
	6-3	910	709	1851	−2872	542	−775
	6-4	1833	1746	6676	−4378	1758	−2512
	6-5	0	0	0	0	0	0
任务系列 7 重复 280 次循环	7-1	0	0	0	0	0	0
	7-2	−1393	−742	13370	−2207	0	0
	7-3	0	0	0	0	0	0
任务系列 8 重复 270 次循环	8-1	0	0	0	0	0	0
	8-2	1804	1773	7675	−4418	1708	−2440
	8-3	0	0	0	0	0	0
任务系列 9 重复 240 次循环	9-1	0	0	0	0	0	0
	9-2	1804	1773	7675	−4418	1708	−2440
	9-3	951	767	2369	−2886	545	−778
	9-4	1804	1773	7675	−4418	1708	−2440
	9-5	0	0	0	0	0	0
任务系列 10 重复 10 次循环	10-1	0	0	0	0	0	0
	10-2	122	−1431	10377	−2813	179	−256
	10-3	0	0	0	0	0	0

注：表格最左列为"1 个谱块（10 个任务系列）"

表 4.27　疲劳载荷加载点坐标	（单位：mm）
平尾	(18085, 1151, 3075)
尾桨	(18085, −250, 3465)
尾梁	(14650, 0, 1616)

4.6.3　有限元模型及验证

在 Hypermesh 软件中，建立直升机尾段结构的三维有限元模型，为与实际加载一致，还对与尾 1 框相连接的过渡段及与尾段尾部对接接头相连的斜梁进行了有限元建模，采用壳单元(S3、S4R)模拟蒙皮和壁板，采用实体单元(C3D8R)模拟加筋，节点总数 1086283，单元总数 977011(图 4.74)。

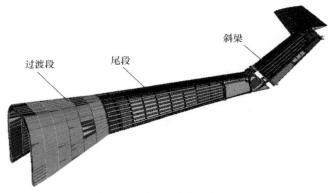

图 4.74　尾段结构有限元模型

尾段上壁板(即尾段平台)有限元模型如图 4.75 所示，从尾 1 框至尾 12 框，共有 3 根长桁，分别与平台壁板固化成型，因此，采用绑定约束 tie 连接模拟长桁与壁板的连接。左、右侧壁板有限元模型如图 4.76 所示，共分布 7 根长桁，每根长桁都有蒙皮包络，壁板与长桁整体固化成型，因此，采用共节点模拟长桁与蒙皮之间传力。底部蒙皮有限元模型如图 4.77 所示，共分布 10 根长桁，长桁形状与右侧壁板长桁形状一致，壁板与长桁整体固化成型，采用共节点模拟壁板与长桁之间传力。尾 1 框~尾 4 框之间有左右各 3 根加强角材与壁板连接，最外侧长桁在尾 8 框处断开，在尾 8 框~尾 9 框之间相应位置用连接片连接，中间两根长桁在尾 9 框断开，在尾 9 框和尾 10 框之间通过支撑板连接，尾 8 框与尾 9 框之间存在开口。

图 4.75　平台壁板

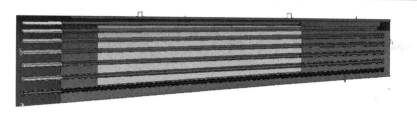

图 4.76　左、右侧壁板

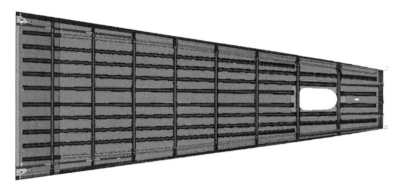

图 4.77　底部蒙皮

　　平台壁板与左、右侧壁板通过上部带板连接，底部蒙皮与左右侧壁板通过下连接角材连接(图 4.78)，采用耦合单元 DCOUP3D，将上部带板(或下连接角材)的某个网格单元的四个点集中到一个点上，再将平台壁板、左右侧壁板或底部蒙皮的某个网格单元集中到一个点上，然后，采用连接单元 CONN3D2 连接两个集中点，从而模拟类似于铆接的连接(图 4.79)。上述连接方法还推广应用到尾段结构其他位置(图 4.80)。

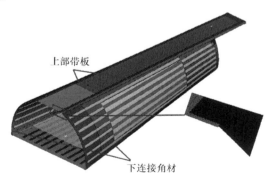

上部带板

下连接角材

图 4.78　平台壁板及底部蒙皮与左右侧壁板的连接

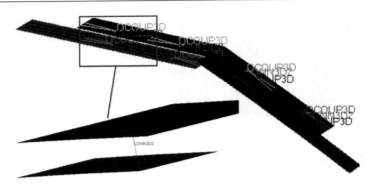

图 4.79　耦合单元与连接单元网格连接方法

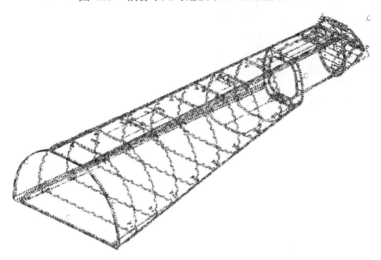

图 4.80　耦合单元与连接单元的连接位置

　　中段侧壁板位于尾 10 框～尾 12 框之间(图 4.81)，结构左右对称，中段侧壁板为蜂窝夹层结构，在周围连接区收边成层压板结构。后段侧壁板(图 4.82)位于尾 12 框～尾 13 框之间，上方与盖板连接，中部与尾段下接头框连接，结构左右对称，后段侧壁板为蜂窝夹层结构，在周围连接区收边成层压板结构，中段侧壁板通过 T 形材对接(图 4.83)。盖板位于尾 12 框～尾 13 框之间，中间有加强角材，两侧有加强角片(图 4.84)；后段侧壁板、上部盖板与尾段上下接头的相对位置如图 4.85 所示。通过耦合单元 DCOUP3D 模拟接头之间连接，将圆孔内对接接头的所有节点耦合到一起，模拟连接和传力(图 4.86)。上接头的具体结构以及与斜梁接头对接形式如图 4.87 所示，尾段下接头具体结构以及与斜梁接头连接形式如图 4.88 所示。

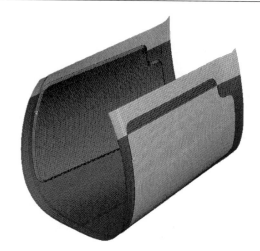

图 4.81 中段侧壁板

图 4.82 后段侧壁板

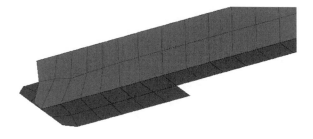

图 4.83 T 形材

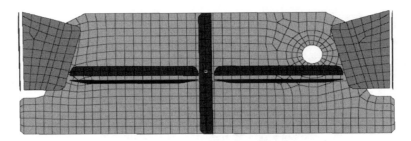

图 4.84　盖板

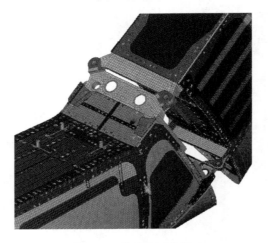

图 4.85　接头相对位置

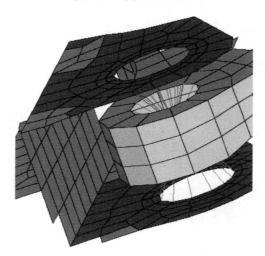

图 4.86　接头连接方式

图 4.87　上接头结构

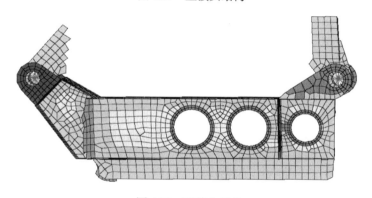

图 4.88　下接头结构

尾段的尾 1 框~尾 10 框相对位置及大小如图 4.89 所示,尾 2 框~尾 9 框分别与平台壁板、左右侧壁板和底部蒙皮,一次性高温成型,因此,采用绑定约束连接方式模拟尾框与四周壁板的连接(图 4.90)。采用图 4.79 所示的耦合单元与连接单元网格连接方法,模拟尾 1 框与四周壁板及过渡段连接;尾 10 框与四周壁板的连接也采用类似方法。尾 1 框和尾 10 框为金属结构,尾 1 框在 4 个角点处均有角盒,尾 2 框~尾 9 框为四块复合材料组成的框结构,尾 11 框是由五块腹板组成的金属结构装配件,是一个四周有凸缘的上半框,并通过耦合单元与连接单元网格连接方法模拟尾框与四周壁板的连接。尾 12 框、尾 13 框及尾下接头框同为金属结构,均有加强形材,连接方式与尾 11 框类似(图 4.91)。

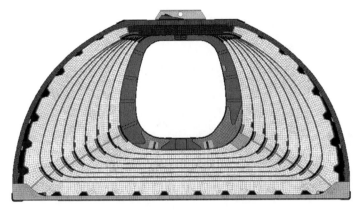

图 4.89　尾段尾框相对位置

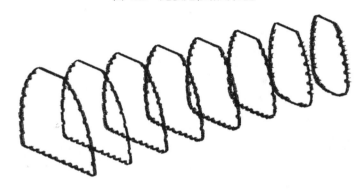

图 4.90　尾框与四周壁板的绑定约束

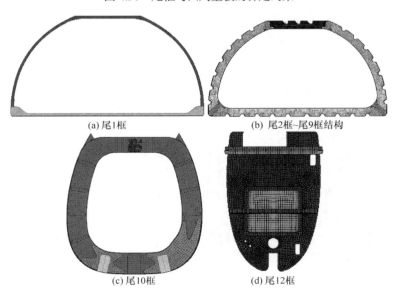

(a) 尾1框　　　　　　　　　　(b) 尾2框~尾9框结构

(c) 尾10框　　　　　　　　　　(d) 尾12框

(e) 尾13框

(f) 尾段下接头框

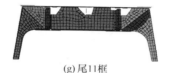

(g) 尾11框

图 4.91　尾框结构

　　为简化计算,采用去除相应面积的蒙皮模拟蒙皮分层缺陷,并采用空孔模拟冲击缺陷(图 4.92)。斜梁与平尾是由复合材料和金属材料共同组成的结构件[图 4.93(a)],斜梁有隔框加强,斜梁两侧壁板有长桁和形材加强,隔框与壁板的连接仍然采用耦合单元与连接单元的连接方式模拟[图 4.93(b)];平尾与斜梁通过管梁进行连接[图 4.93(c)],平尾由隔框以及蒙皮组成,中间有翼梁,并有纵墙加强[图 4.93(d)]。

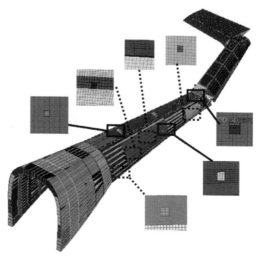

图 4.92　有限元模型预制缺陷

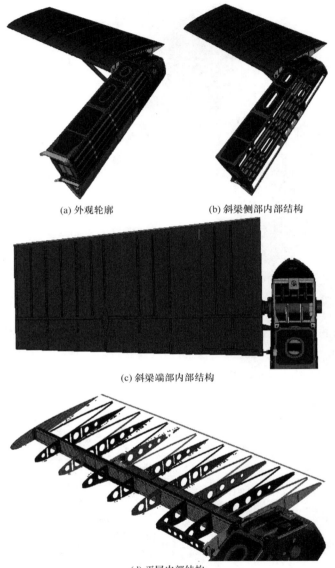

(a) 外观轮廓　　　　　　　　(b) 斜梁侧部内部结构

(c) 斜梁端部内部结构

(d) 平尾内部结构

图 4.93　斜梁与平尾有限元模型

　　过渡段由金属材料构成,共有 7 个框,采用桁架单元 T3D2 与壳单元模拟过渡段(图 4.94)。过渡段是辅助试验件,因此,网格划分较为稀疏。端部固定在承重墙上,为固支约束,即约束过渡段固支端的三个自由度 UX、UY、UZ[图 4.95(a)]。在尾部的隔框与尾段的尾 1 框对接,通过耦合单元 DCOUP3D 模拟连接。最后,根据左偏航和两点水平着陆状态加载点中心坐标(表 4.24 和表 4.25),建立参考点,并采用耦合单元 DCOUP3D 将参考点与邻近区域连接起来，在参考点上施加载荷[图 4.95(b)]。

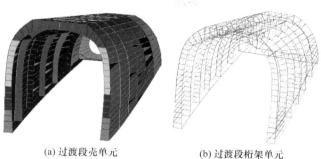

(a) 过渡段壳单元　　　　　　　　　(b) 过渡段桁架单元

图 4.94　过渡段有限元模型

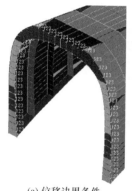
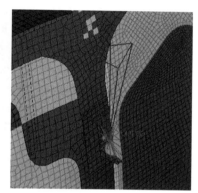

(a) 位移边界条件　　　　　　　　　(b) 载荷施加方法

图 4.95　边界条件

利用上述有限元模型，并结合尾段结构材料力学性能(表 4.20～表 4.23)和左偏航、两点水平着陆状态载荷(表 4.24 和表 4.25)，模拟了直升机尾段结构应变和位移(图 4.68～图 4.70、表 4.28)，由图 4.68～图 4.70 和表 4.28 可知：①两种状态载荷作用下，尾段结构各截面应变的有限元预测值与试验值接近，截面应变变化规律一致，预测值略大于试验值，趋于保守；②尾段结构各截面位移预测值与试验值的变化规律一致，但预测值比试验值小。这是由于有限元模型中材料均为理想的弹性体，而实际结构中固支边界的螺栓会发生微小变化，同时，结构因复杂多点连接或胶结也会产生一定松弛，此外，试验中，采用的胶布带加载也会带来一定的加载偏差，造成结构刚度下降，因此，位移试验值比预测值大。

表 4.28　各截面最大应变预测值与试验值之间的相对偏差

	截面序号				
	1	2	3	4	5
左偏航状态 80%极限载荷下的相对偏差/%	6.4	37.9	5.3	11.8	22.5
两点水平着陆 100%极限载荷下的相对偏差/%	2.1	34.6	11.7	10.4	13.1

4.6.4　静力作用下直升机复合材料尾段结构渐进损伤

采用混合失效判据[式(3.10)~式(3.18)]识别单元损伤,采用刚度退化准则(表 3.1~表 3.5 所示)描述材料性能退化,根据尾段结构材料力学性能(表 4.20~表 4.23)和左偏航、两点水平着陆状态载荷(表 4.24 和表 4.25),利用上面的尾段结构有限元模型,模拟静载荷等比例协调加载下直升机尾段结构渐进损伤过程。具体步骤如下:在载荷施加点等比例协调施加载荷后,利用混合失效判据,识别模型中的失效单元;若满足失效判据,则按照刚度退化准则退化失效单元刚度,若不满足失效判据,则保持单元刚度;如此循环往复,不断增大载荷,不断识别失效单元和退化失效单元的刚度,直至结构承载能力出现显著下降或者某一截面完全失效,从而,获得载荷-位移曲线和失效载荷。

左偏航和两点水平着陆状态下直升机尾段结构渐进损伤过程分别如图 4.96~图 4.99 所示。左偏航状态下,在 0.8 倍极限载荷时,尾段与斜梁对接接头处出现第 1 个损伤单元[图 4.96(a)],随着载荷逐渐增大,尾段与斜梁对接接头处损伤逐渐扩展[图 4.96(b)],左侧壁板靠近尾 10 框区域、中段侧壁板、底部蒙皮靠近尾 10 框区域和靠近过渡段底角处也出现了损伤单元,最后,在 2.32 倍极限载荷时,对接上接头处接近于断裂[图 4.96(c)],损伤区域都出现了大范围快速扩展,结构刚度出现了明显下降,载荷-位移曲线也出现了明显的斜率变化(图 4.97),结构发生失效。两点水平着陆状态下,在 1.2 倍极限载荷时,靠近过渡段的底角处出现第1 个损伤单元[图 4.98(a)],随着载荷逐渐增大,过渡段与尾梁相接的两底角附近损伤逐渐扩展[图 4.98(b)],在 2.7 倍极限载荷时,过渡段与尾梁相接的两底角附近损伤出现了大范围快速扩展,截面接近于断裂[图 4.98(c)],结构刚度出现了明显下降,载荷-位移曲线也出现了明显的斜率变化(图 4.99),结构发生失效。显然,左偏航状态下直升机尾段结构危险截面位于尾段与斜梁对接接头处,而两点水平着陆状态的危险截面则位于过渡段与尾段的对接处。两种状态危险截面的差异与它们的载荷大小及方向密切相关,正是两种状态的载荷大小与方向的不同决定了危险截面和部位的差异。

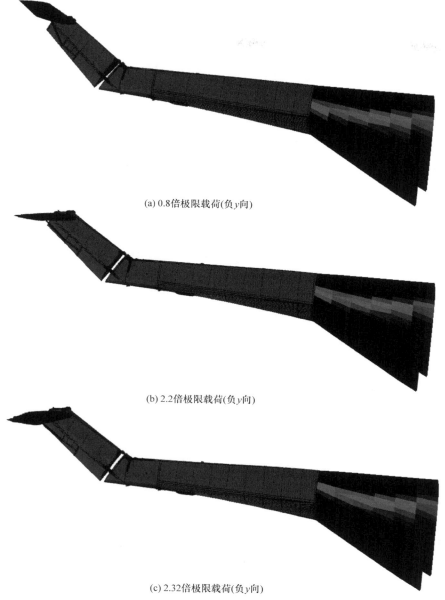

(a) 0.8倍极限载荷(负 y 向)

(b) 2.2倍极限载荷(负 y 向)

(c) 2.32倍极限载荷(负 y 向)

图 4.96　左偏航状态渐进损伤过程(负 y 向)

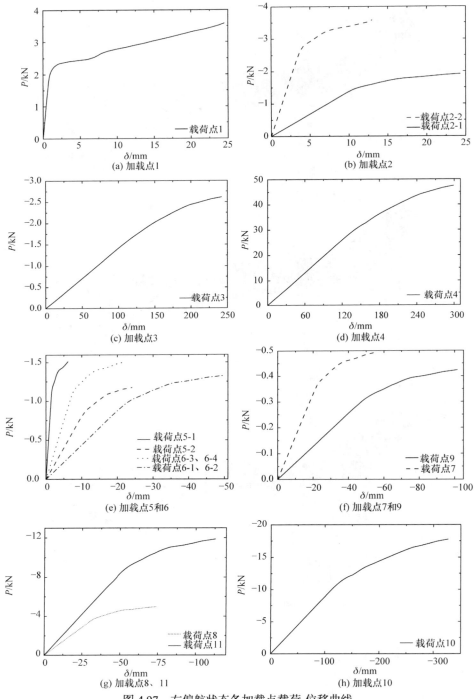

图 4.97　左偏航状态各加载点载荷-位移曲线

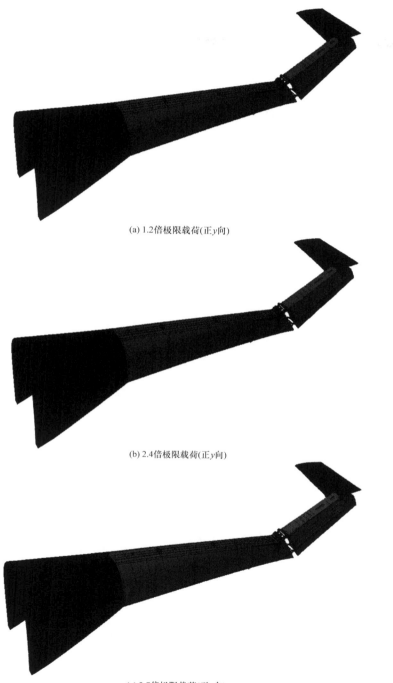

(a) 1.2倍极限载荷(正 y 向)

(b) 2.4倍极限载荷(正 y 向)

(c) 2.7倍极限载荷(正 y 向)

图 4.98　两点水平着陆状态渐进损伤过程(正 y 向)

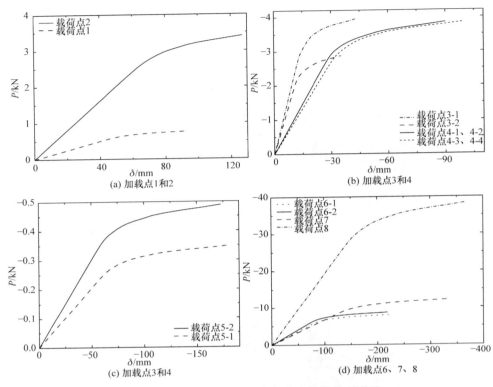

图 4.99　两点水平着陆状态各加载点载荷-位移曲线

由图 4.97 和图 4.99 可知, 当损伤出现后, 各加载点载荷-位移曲线斜率均发生变化, 随着载荷的增大, 损伤逐渐增大, 刚度下降, 直至某一截面完全失效, 载荷-位移曲线的最高点即为失效载荷(表 4.29 和表 4.30)。由表 4.29 和表 4.30 可知, 左偏航状态的安全系数(即失效载荷与极限载荷的比值)为 2.32, 两点水平着陆状态的安全系数为 2.7。左偏航状态安全系数比两点水平着陆状态的安全系数小, 原因在于左偏航状态的最大载荷是两点着陆水平状态最大载荷的 1.44 倍, 而且, 两种状态受力方向不一致, 危险截面也有不同, 最终导致左偏航状态的安全系数偏小。

表 4.29　左偏航状态加载点失效载荷

加载点号	名称	载荷方向	着力点中心坐标/ mm			计算失效载荷/ N
			x	y	z	
1	平尾	P_x 向后	18085	1151	3075	3579.76
2	W8 框	P_y 向左	14650	90	1998	−1917.48
			14650	−240	1233.3	−3580.92
3	管梁组件		18085	-	3075	−2612.32
4	尾减速器+尾浆	P_y 向右	18085	-	3465	47450.96

续表

加载点号	名称	载荷方向	着力点中心坐标/mm			计算失效载荷/N
			x	y	z	
5	W3框		12600	−758.3	1259.4	−1510.9
			12600	758.3	1259.4	−1172.76
6	W6框		13830	−575.3	1356.3	−1504.52
			13830	−571.2	1455.3	−1504.52
			13830	575.3	1356.3	−1324.14
		P_z向下	13830	571.2	1455.3	−1324.14
7	W10框		15470	−331.4	1485.2	−491.84
8	斜框		16267	−255	1804.8	−4970.02
9			16267	255	1804.8	−423.4
10	管梁组件+平尾		18085	1037.9	3075	−17759.6
11	尾减速器+尾桨		18085	−398.9	3465	−11873.8

表 4.30 两点水平着陆状态加载点失效载荷

加载点号	名称	载荷方向	着力点中心坐标/mm			计算失效载荷/N
			x	y	z	
1	尾管梁	P_x向后	18085	393	3075	761.4
2	尾减速器+尾桨叶		18085	−399.7	3465	3402
3	W3框		12600	−758.3	1259.4	−3940.92
			12600	758.3	1259.4	−2873.88
4	W6框		13830	−575.3	1356.3	−3848.85
			13830	−571.2	1455.3	−3848.85
			13830	575.3	1356.3	−3848.85
		P_z向下	13830	571.2	1455.3	−3848.85
5	W10框		15470	−331.4	1485.2	−348.3
			15470	331.4	1485.2	−488.7
6	斜框		16267	−255	1804.8	−7965.27
			16267	255	1804.8	−8618.13
7	尾管梁		18085	319.2	3075	−12139.2
8	尾减速器+尾桨叶		18085	−399.7	3465	−38296.8

4.6.5 疲劳载荷谱作用下直升机复合材料尾段结构渐进损伤

利用剩余强度失效判据识别单元损伤,采用考虑缺口深度和应力比效应的复合材料剩余强度与剩余寿命的模型(表 3.10))描述材料性能退化,根据尾段结构材料疲劳性能(表 3.9)和疲劳载荷谱(表 4.26),利用上述尾段结构有限元模型,模拟疲劳载荷作用下直升机尾段结构渐进损伤过程(图 4.100)。由图 4.100 可知,承受 48 个谱块疲劳载荷的尾段结构在尾梁和斜梁的对接处出现了小面积的损伤[图 4.100(a)],但预制分层缺陷和冲击缺陷区域未出现损伤;继续施加 6 个谱块疲劳载荷后,尾段结构第 2 次冲击的冲击缺陷处出现了损伤单元,尾段结构的尾 10 框靠近尾梁平台处也出现了小面积的损伤,尾梁与斜梁对接接头处的损伤面积略有扩展[图 4.100(b)];继续施加 16 个谱块的疲劳载荷后,尾段结构靠近尾 10 框区域出现了大面积损伤扩展,结构刚度明显下降,结构失效,而其他损伤区域扩展很慢[图 4.100(c)]。需要说明的是,在完成 48 个谱块疲劳试验后,对原冲击点再次进行更大能量低速冲击,产生新的更大冲击缺陷,因此,在原先尾段结构有限元模型基础上,按照新的冲击缺陷大小,重构了冲击缺陷部位的网格模型,用于后续的疲劳渐进损伤模拟。

模拟结果显示,再次冲击后的尾段结构在承受第 6 个谱块加载后,冲击缺陷出现扩展,且在对接接头处出现小面积损伤,然而,在试验过程中,加载至第 8 个谱块后的无损检测才发现冲击缺陷出现扩展,但未进行对接接头的无损检测。由此可认为,有限元模拟结果偏于保守,相对偏差仅为 3.6%,模拟结果未发现其他损伤部位,因此,疲劳载荷谱作用下复合材料结构渐进损伤算法可给工程设计提供参考。

根据疲劳渐进损伤模拟结果,得到尾段结构的总疲劳寿命为 64 个谱块(48+16),相当于 64000 飞行小时,而试验疲劳寿命为 56 个谱块(48+8),相当于 56000 飞行小时,因此,尾段结构尚剩余 8000 飞行小时寿命(8 个谱块)。

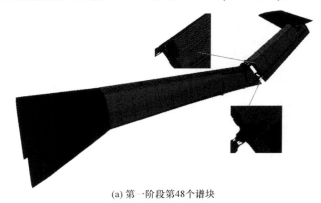

(a) 第一阶段第48个谱块

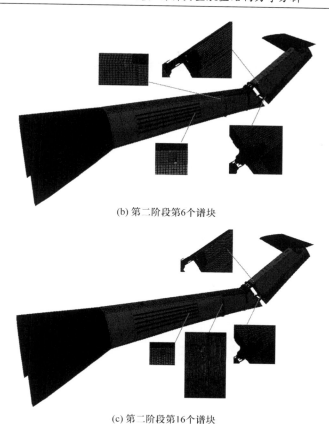

(b) 第二阶段第6个谱块

(c) 第二阶段第16个谱块

图 4.100 疲劳渐进损伤模拟结果

参 考 文 献

[1] 白江波, 熊峻江, 程序, 等. RTM 成型复合材料 T 接头工艺参数优化与力学性能实验研究. 复合材料学报, 2009, 26(3): 13-17.

[2] 陈列, 熊峻江, 程泽琳. 复合材料单搭接头的剪切强度对比实验研究. 材料工程, 2009, (11): 31-35.

[3] 陈列, 熊峻江, 程泽琳. RTM 复合材料单搭接头力学性能研究. 材料工程, 2009, (S2): 32-36.

[4] Luo C Y, Xiong J J. Static pull and push bending properties of RTM-made TWF composite tee-joints. Chinese Journal of Aeronautics, 2012, 25: 198-207.

[5] Bai J B, Dong C H, Xiong J J, et al. Progressive damage behaviour of RTM-made composite T-joint under tensile loading. Composites Part B, 2019, 160: 488-497.

[6] 罗楚养, 熊峻江, 程泽琳. 复合材料 RTM 十字型接头疲劳性能对比实验研究. 材料工程, 2009, (1): 74-76.

[7] Cheng X, Xiong J J, Peng B, et al. Mechanical properties of RTM-made composite cross-joints. Chinese Journal of Aeronautics, 2009, 22: 211-217.

[8] 罗楚养, 熊峻江, 益小苏, 等. 基于水溶性型芯的 RTM 成型的整体化复合材料翼盒研制. 复合材料学报, 2011, 28(3): 203-209.

[9] 罗楚养, 熊峻江, 益小苏, 等. RTM 整体成型复合材料翼盒的固有模态及稳定性. 复合材料学报, 2012, 29(3), 158-166.

[10] 罗楚养, 熊峻江, 益小苏, 等. 复白材料蒙皮-加筋大开口结构优化设计. 材料工程, 2011, (4): 9-13.

[11] Fu Y, Xiong J J, Luo C Y, et al. Static mechanical properties of RTM-made composite I- and Π-beams under three-point flexure. Chinese Journal of Aeronautics, 2015, 28(3): 903-913.

[12] Bai J B, Shenoi R A, Yun X Y, et al. Progressive damage modelling of hybrid RTM-made composite Π-joint under four-point flexure using mixed failure criteria. Composite Structures, 2017, 159: 327-334.

[13] 白江波, 熊峻江, 李雪芹, 等. 复合材料机翼整体成型技术研究. 复合材料学报, 2011, 28(3): 185-191.

[14] 罗楚养, 熊峻江, 李伟东, 等. 整体成型复合材料模型机翼设计方案优选与验证. 复合材料学报, 2014, 31(4): 981-990.

第 5 章　航天器复合材料柔性豆荚杆本构模型与热变形

5.1　压扁和拉扁变形

复合材料柔性豆荚杆通常由两个轴对称、弯曲的复合材料薄壳组成，可以通过卷筒折叠起来[图 5.1(a)]，全部被盘绕在卷筒上，完全被折叠后仅占很少空间，便于储存。在使用时，复合材料柔性豆荚杆可以利用自身卷曲弹性变形时所储存的弹性应变能，恢复到初始形状。复合材料柔性豆荚杆折叠变形过程可以分解为压扁(或拉扁)变形和卷曲变形两个过程(图 5.1)。针对复合材料柔性豆荚杆的压扁(或拉扁)变形的几何行为，做出如下基本假设[1-3]。

假设 5.1　复合材料柔性豆荚杆的长度尺寸远大于其横截面的几何尺寸，并且压扁(或拉扁)过程为弹性变形。

假设 5.2　忽略复合材料柔性豆荚杆在压扁(或拉扁)变形过程中的壁厚变化，整体变形可以通过中性面的形状和曲率半径的变化描述，认为中性面长度不变。

假设 5.3　复合材料柔性豆荚杆的压扁(或拉扁)变形被抽象化为准静态压扁(或拉扁)变形，并且沿长度方向一致[图 5.1(b)]。

假设 5.4　复合材料柔性豆荚杆被近似为超薄壁曲梁，豆荚型的横截面存在两个对称轴，由相切的具有相等曲率半径 r 和圆心角 φ 的凹凸圆弧组成($\overset{\frown}{AB}$，$\overset{\frown}{BC}$，$\overset{\frown}{AB'}$ 和 $\overset{\frown}{B'C'}$)，并且在压扁(或拉扁)变形过程中始终保持凹凸圆弧相切的外形(图 5.2)。

假设 5.5　忽略复合材料柔性豆荚杆压扁(或拉扁)变形过程中由法向应力(弯曲和扭曲法向应力)导致的薄壁中性面的面内剪切应变，即欧拉-伯努利假设[4]。

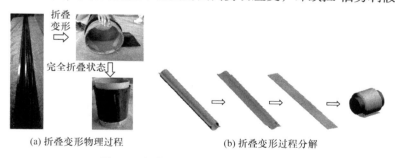

(a) 折叠变形物理过程　　　　　(b) 折叠变形过程分解

图 5.1　复合材料柔性豆荚杆折叠过程

通过上面的基本假设，选择的极坐标系如图 5.2 所示，为了描述复合材料柔性豆荚杆在压扁(或拉扁)变形时的几何行为，所选择的微体如图 5.3 所示。由图 5.2 和图 5.3 很容易知道，复合材料柔性豆荚杆的压扁(或拉扁)变形可以通过在极坐标系 (r,θ) 下的横截面中性轴所对应的圆心角 φ 描述，因此，可以得到下面的复合材料柔性豆荚杆压扁(或拉扁)变形的几何模型。

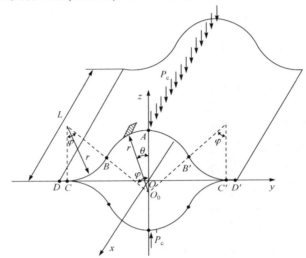

(a) 压缩载荷作用下的压扁变形几何构型

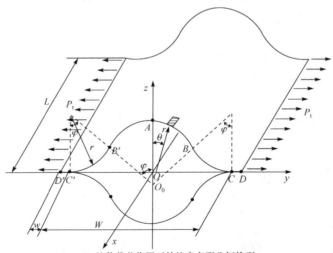

(b) 拉伸载荷作用下的拉扁变形几何构型

图 5.2　复合材料柔性豆荚杆折叠变形的几何构型

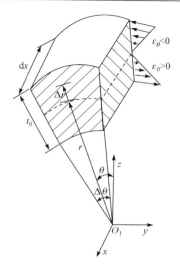

图 5.3　复合材料柔性豆荚杆压扁(或拉扁)变形微体

由图 5.2(a)和基本假设 5.4 可知，在压扁变形过程中，圆心角 φ 由初始状态时的圆心角 φ_0 逐渐减小到趋于 0，而曲率半径 r 由初始状态时的曲率半径 r_0 逐渐趋于无穷大，因此，B 点相对水平轴(y 轴)的位移可以表示为

$$z_B = r(1 - \cos\varphi) \tag{5.1}$$

正如基本假设 5.4 所提到的，相切的圆弧 $\overparen{AB}$ 和 $\overparen{BC}$ 拥有同样的曲率半径和圆心角，因此，可以分别得到由压扁变形所导致的从顶点 A 到 y 轴的位移和顶点 A 在垂直方向上的变形量：

$$z_A = 2z_B = 2r(1 - \cos\varphi) \tag{5.2}$$

和

$$\delta_z = 2r(1 - \cos\varphi) - 2r_0(1 - \cos\varphi_0) \tag{5.3}$$

同理，由图 5.2(b)可得拉扁变形过程中 B 点和 C 点相对垂直轴(z 轴)的位移：

$$y_B = r\sin\varphi \tag{5.4}$$

$$y_C = 2y_B = 2r\sin\varphi \tag{5.5}$$

拉扁变形所导致的 C 点在水平方向上的变形量可以表示为

$$\delta_y = 2r\sin\varphi - 2r_0\sin\varphi_0 \tag{5.6}$$

根据基本假设 5.2 可知，尽管复合材料柔性豆荚杆在压扁(或拉扁)变形过程存在较大变形，其几何构型和曲率半径均发生了大的改变，然而，其中性面的总长度没有发生变化，并且中性面局部没有被拉伸，因此可得

$$r\varphi = r_0\varphi_0 \tag{5.7}$$

根据弹性应变的定义以及图 5.2(a)、图 5.2(b)和图 5.3 可知，在压扁(或拉扁)变形过程中，复合材料柔性豆荚杆沿 θ 切向上的面内应变可以表示为

$$\varepsilon_\theta = \frac{(r+\Delta r)\varphi - (r_0+\Delta r)\varphi_0}{(r_0+\Delta r)\varphi_0} = \frac{(r+\Delta r)\varphi}{(r_0+\Delta r)\varphi_0} - 1 \tag{5.8}$$

式中，Δr 为沿厚度方向相对豆荚杆层合板中性面的距离。

将式(5.7)代入式(5.8)中，可得

$$\varepsilon_\theta = \frac{\varphi}{\varphi_0} + \frac{r_0(\varphi_0-\varphi)}{\varphi_0(r_0+\Delta r)} - 1 \tag{5.9}$$

式(5.9)中的应变是关于变量 φ 和 Δr 的函数。根据式(5.9)，可以推导出在完全压扁(或拉扁)变形下(即 $\varphi \to 0$，$r \to \infty$)沿 θ 切向的面内应变：

$$\varepsilon_\theta^* = \begin{cases} \dfrac{-\Delta r}{r_0+\Delta r}, & \widehat{BAB'} \\[2mm] \dfrac{\Delta r}{r_0-\Delta r}, & \widehat{BC}和\widehat{B'C'} \\[2mm] 0, & \widehat{CD}和\widehat{C'D'} \end{cases} \tag{5.10}$$

式(5.10)中的应变仅是关于变量 Δr 的函数。

根据弯矩的基本定义和弹性变形假设(基本假设 5.1)，微体(图 5.3)沿着 x 轴方向上的弯矩可以表示为

$$M_x = -\int_{-\frac{t_0}{2}}^{\frac{t_0}{2}} (E_\theta \varepsilon_\theta \Delta r) \mathrm{d}(\Delta r) \tag{5.11}$$

式中

$$\frac{1}{E_\theta} = \frac{1}{E_1}\sin^4\phi + \left(\frac{1}{G_{12}} - \frac{2\mu_{12}}{E_1}\right)\sin^4\phi\cos^4\phi + \frac{1}{E_2}\cos^4\phi \tag{5.12}$$

式中，E_θ 是复合材料单层沿 θ 方向的偏轴弹性模量；E_1 是复合材料单层纵向弹性模量；G_{12} 是复合材料单层面内纵横剪切模量；μ_{12} 是复合材料单层面内泊松比；ϕ 为复合材料单层的铺层角。

将式(5.9)代入式(5.11)中，可得

$$M_x = -\int_{-\frac{t_0}{2}}^{\frac{t_0}{2}} \left[E_\theta \frac{r_0(\varphi_0-\varphi)}{\varphi_0(r_0+\Delta r)}\Delta r\right]\mathrm{d}(\Delta r) - \int_{-\frac{t_0}{2}}^{\frac{t_0}{2}} \left[E_\theta\left(\frac{\varphi}{\varphi_0}-1\right)\Delta r\right]\mathrm{d}(\Delta r) \tag{5.13}$$

根据层合板的对称性和奇偶函数的积分性质，可得

$$\int_{-\frac{t_0}{2}}^{\frac{t_0}{2}}\left[E_\theta\left(\frac{\varphi}{\varphi_0}-1\right)\Delta r\right]\mathrm{d}(\Delta r)=0 \tag{5.14}$$

为了使式(5.13)的描述更为简洁，式(5.13)可变为

$$M_x=C_0\int_{-\frac{t_0}{2}}^{\frac{t_0}{2}}\left(E_\theta\frac{\Delta r}{r_0+\Delta r}\right)\mathrm{d}(\Delta r) \tag{5.15}$$

式中

$$C_0=\frac{r_0\left(\varphi-\varphi_0\right)}{\varphi_0} \tag{5.16}$$

对于图 5.4 所示的铺层数为 n 的层合板，式(5.15)可以表示为

$$M_x=C_0\sum_{k=1}^{n}\left\{E_\theta^k\left[\left(\Delta r^k-\Delta r^{k-1}\right)-r_0\ln\frac{r_0+\Delta r^k}{r_0+\Delta r^{k-1}}\right]\right\} \tag{5.17}$$

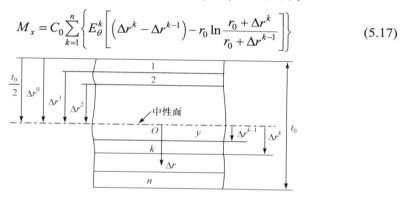

图 5.4　层合板横截面

图 5.5 给出了复合材料柔性豆荚杆压扁变形时半片所受的作用力，根据整个半片在 z 轴方向上力的平衡条件，可以推导出

$$F=\frac{P_c}{2} \tag{5.18}$$

式中，P_c 为压缩外载荷；F 为胶接边的约束反力。

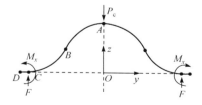

图 5.5　复合材料柔性豆荚杆半片压扁时的作用力

根据力矩平衡条件，可得

$$P_{\mathrm{c}} = \frac{2M_x}{r\sin\varphi} \tag{5.19}$$

利用式(5.7)、式(5.17)和式(5.19),形状参量 φ 和 r 可以被求解出来,通过式(5.3)可以得到复合材料柔性豆荚杆在压扁变形过程中顶点 A 的压扁变形,因此,承受垂直方向上压缩载荷为 P_{c} 的复合材料柔性豆荚杆的载荷-位移曲线 $P_{\mathrm{c}} - \delta_z$ 就可以建立起来。

与压扁变形类似,图 5.6 给出了复合材料柔性豆荚杆拉扁变形时半片所受的作用力,根据整个半片在 x 轴方向上力的平衡条件,可以推导出

$$N = \frac{P_{\mathrm{t}}}{2} \tag{5.20}$$

式中, P_{t} 为拉伸外载荷; N 为顶点边的约束反力。

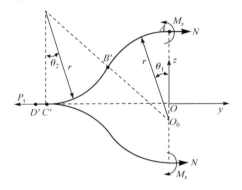

图 5.6　复合材料柔性豆荚杆拉扁变形时半片所受的作用力

根据力矩平衡条件,可得

$$P_{\mathrm{t}} = \frac{2M_x}{r(1-\cos\varphi)} \tag{5.21}$$

利用式(5.7)、式(5.17)和式(5.21),形状参量 φ 和 r 可以被求解出来,通过式(5.6)可以得到复合材料柔性豆荚杆在拉扁变形过程中 C 点水平方向的拉伸变形,因此,承受水平方向上拉伸载荷为 P_{t} 的复合材料柔性豆荚杆的载荷-位移曲线 $P_{\mathrm{t}} - \delta_y$ 也可以建立起来。

为验证本书提出解析解,进行了复合材料柔性豆荚杆压扁和拉扁变形试验,试验件的横截面几何形状和尺寸如图 5.7 所示,长度为 65mm,壁厚为 0.4mm,铺层方式为[45/–45/0/–45/45],胶层厚度为 0.1mm,复合材料柔性豆荚杆规格和单层材料力学性能如表 5.1 所示。复合材料柔性豆荚杆试验件采用真空热压和二次

胶接的方法制备成型[5]。在大气室温的条件下，在 INSTRON-500N 液压伺服试验机上分别完成了 3 个复合材料柔性豆荚杆试验件的压扁变形试验和拉扁变形试验(图 5.8 和图 5.9)，试验机加载速率控制为 2mm/min。图 5.8 和图 5.9 分别给出了复合材料柔性豆荚杆试验件在压扁变形试验和拉扁变形试验中的加载边界条件和载荷方向。试验过程中，没有发现复合材料柔性豆荚杆试验件的加载边界出现目视滑移。与此同时，复合材料柔性豆荚杆试验件压扁变形的载荷-位移曲线和拉扁变形的载荷-位移被记录下来(图 5.10 和图 5.11)。在压扁变形和拉扁变形试验结束后，所有被测试的复合材料柔性豆荚杆均可恢复到初始的形状，没有观测到任何的破坏现象。由图 5.10 和图 5.11 可知，测定的载荷-位移曲线几乎完全一致，分散性很小，而且压扁变形和拉扁变形的载荷-位移曲线均近似表现出双线性性质，即载荷-位移曲线包含两段近似的线性段，在两个线性段之间有一小段过渡的非线性段。

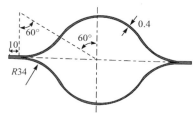

图 5.7 复合材料柔性豆荚杆截面几何尺寸(单位：mm)

表 5.1 复合材料柔性豆荚杆规格和单层材料力学性能

参数	数值	参数	数值
E_1 / GPa	80.08	r_0 / mm	33.8
E_2 / GPa	6.67	t_0 / mm	0.4
E_3 / GPa	6.67	t_1 / mm	0.45
μ_{12}	0.344	d_0 / mm	80.45
G_{12} / GPa	2.93	d_1 / mm	81.8
G_{13} / GPa	2.93	b_0 / mm	162
G_{23} / GPa	2.5	b_1 / mm	10

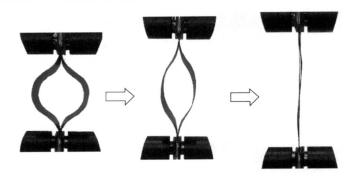

图 5.8　复合材料柔性豆荚杆压扁试验

图 5.9　复合材料柔性豆荚杆拉扁试验

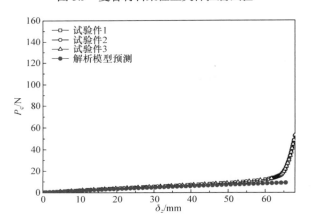

图 5.10　压扁载荷-位移曲线

　　由于在压扁(或拉扁)解析模型中忽略了薄膜应变,认为压扁(或拉扁)变形过程中的应变由弯曲导致,因此,完全压扁和拉扁状态下的应变一致。通过压块使复合材料柔性豆荚杆试验件(与前面试验所用试验件规格完全一样)被完全压扁,分别在试验件表面的圆弧 $\widehat{BAB'}$ 的顶点 A 和圆弧 $\widehat{BC}$ 的中点布置两组应变片(图 5.12 和图 5.13),测定了 3 个复合材料柔性豆荚杆试验件被完全压扁时的面内应变(图 5.14 和表 5.2)。由表 5.2 可知,复合材料柔性豆荚杆试验件在被完全压扁时,在圆弧 $\widehat{BAB'}$ 的顶点 A 和圆弧 $\widehat{BC}$ 的中点处沿 θ 切向的平均面内应变分别为–0.7571%和0.4826%。

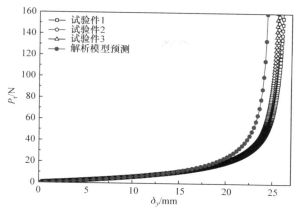

图 5.11　拉扁载荷-位移曲线

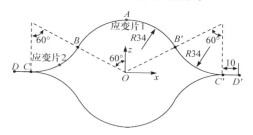

图 5.12　压扁试验应变片布置方案

图 5.13　试验件上粘贴的应变片

图 5.14　完全压扁

表 5.2　复合材料柔性豆荚杆在完全压扁状态的面内应变试验结果

	应变片 1	应变片 2
试验件 1 试样值 ε_θ^* /%	−0.7605	0.4800
试验件 2 试样值 ε_θ^* /%	−0.7362	0.4817
试验件 3 试样值 ε_θ^* /%	−0.7746	0.4861
平均值/%	−0.7571	0.4826
预测值/%	−0.5917	0.5917
相对误差/%	22	23

注：应变片 1 对应圆弧 $\overarc{BAB'}$ 的顶点 A 处的应变，应变片 2 对应圆弧 $\overarc{BC}$ 的中点处的应变

　　由式(5.3)、式(5.6)、式(5.19)、式(5.21)，以及表 5.1 所列出的复合材料柔性豆荚杆规格和单层材料力学性能，预测的压扁变形和拉扁变形过程中的载荷-位移曲线如图 5.10 和图 5.11 所示。由图 5.10 和图 5.11 可知，本书提出的解析模型预测结果与试验结果吻合良好，其中解析方法可以较好预测压扁变形第一段线性段载荷-位移曲线和拉扁变形完整的非线性载荷-位移曲线。由式(5.10)和表 5.1 所列出的复合材料柔性豆荚杆规格和单层材料力学性能，可以得到复合材料柔性豆荚杆完全扁平状态(压扁或拉扁)时在圆弧 $\overarc{BAB'}$ 的顶点 A 和圆弧 $\overarc{BC}$ 的中点处沿 θ 切向的应变，分别为−0.5917%和0.5917%。通过比较应变预测值与试验值(即−0.7571%和0.4826%)，可以得到理论预测值和试验结果之间的相对误差分别为22%和23%，在可接受的范围内，因此，本书提出的解析模型在预测复合材料柔性豆荚杆在压扁变形或拉扁变形时具有可接受的精度。

5.2　卷曲变形与层间剪切应力

　　针对复合材料柔性豆荚杆完全压扁(或拉扁)后的卷曲变形的几何行为，进一步做出如下的基本假设[1-3]：

　　假设 5.6　忽略复合材料柔性豆荚杆在卷曲变形过程中的壁厚变化，整体变形可以通过中性面的形状和曲率半径的变化描述，认为中性面长度不变。

　　假设 5.7　复合材料柔性豆荚杆的折叠变形被抽象化为准静态压扁(或拉扁)变形和卷曲变形的线性叠加[图 5.1(b)]。

　　假设 5.8　复合材料柔性豆荚杆被近似为超薄壁曲梁，卷曲变形可以用多项式形状函数描述(图 5.15)。

　　假设 5.9　忽略复合材料柔性豆荚杆卷曲变形过程中由法向应力(弯曲和扭曲法向应力)导致的薄壁中性面的面内剪切应变，即欧拉-伯努利假设[4]。

　　根据以上基本假设,为了描述复合材料柔性豆荚杆在卷曲变形时的几何行为,选取的极坐标系和微体分别如图 5.15 和图 5.16 所示。由图 5.15 和图 5.16 可知,复合材料柔性豆荚杆的卷曲变形可以通过在极坐标系 (ρ_1, α) 下的整体完全被压扁后中性面的纵向曲率 K(或纵向曲率半径 ρ_2)描述,据此,建立复合材料柔性豆荚杆卷曲变形的几何模型。

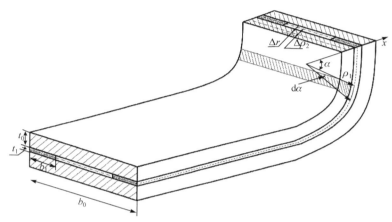

图 5.15　完全压扁(或拉扁)后的卷曲变形几何模型

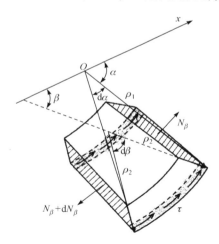

图 5.16　卷曲变形的微体

　　由图 5.15 和基本假设 5.8 可知,可以用在极坐标系 (ρ_1, α) 下的多项式形状函数描述复合材料柔性豆荚杆在完全压扁后的卷曲变形,即

$$\rho_1 = a_1\alpha + a_0, \quad \alpha_0 \leqslant \alpha \leqslant \alpha_1 \tag{5.22}$$

式中, a_0 和 a_1 为待定常数; α_0 和 α_1 分别为完全卷曲的豆荚杆纵向横截面的中性

轴的起点和终点的极角。

很显然，式(5.22)需要满足下面的几何边界条件：

$$\begin{cases} a_0 + a_1\alpha_0 = d_0 \\ a_0 + a_1\alpha_1 = d_1 \end{cases} \tag{5.23}$$

式中，d_0 和 d_1 分别为完全卷曲的豆荚杆纵向横截面的中性轴的起点和终点的极径。

通常，α_0 为 0(即 $\alpha_0 = 0$)，则式(5.23)可变为

$$\begin{cases} a_0 = d_0 \\ \alpha_1 = \dfrac{d_1 - d_0}{a_1} \end{cases} \tag{5.24}$$

根据曲率半径的定义，复合材料柔性豆荚杆在完全压扁(或拉扁)后的卷曲变形可以用曲率半径 ρ_2(即曲率 K)，或弧度 $\mathrm{d}\beta$ 描述(图 5.16)，二者可任选其一，即

$$K = \frac{1}{\rho_2} = \frac{2\rho_1'^2 + \rho_1^2}{\left(\rho_1'^2 + \rho_1^2\right)^{3/2}} \tag{5.25}$$

或者

$$\mathrm{d}\beta = K\mathrm{d}s = K\sqrt{\left(\rho_1^2 + \rho_1'^2\right)}\mathrm{d}\alpha \tag{5.26}$$

根据式(5.22)和式(5.25)可得

$$\frac{\mathrm{d}K}{\mathrm{d}\alpha} = \frac{\rho_1\,\rho_1'\left(2\rho_1'^2 - 6\rho_1' - \rho_1^2\right)}{\left(\rho_1'^2 + \rho_1^2\right)^{\frac{5}{2}}} \tag{5.27}$$

根据基本假设 5.6，可得

$$\int_{\alpha_0}^{\alpha_1}\sqrt{\rho_1^2 + \rho_1'^2}\,\mathrm{d}\alpha = L \tag{5.28}$$

式中，L 为豆荚杆的长度。

将式(5.24)代入式(5.28)中，并进行积分，可得

$$\begin{aligned} &a_1\left\{\frac{d_1}{2a_1}\sqrt{\left(\frac{d_1}{a_1}\right)^2 + 1} + \frac{1}{2}\ln\left[\frac{d_1}{2a_1} + \sqrt{\left(\frac{d_1}{a_1}\right)^2 + 1}\right]\right\} \\ &-a_1\left\{\frac{d_0}{2a_1}\sqrt{\left(\frac{d_0}{a_1}\right)^2 + 1} + \frac{1}{2}\ln\left[\frac{d_0}{2a_1} + \sqrt{\left(\frac{d_0}{a_1}\right)^2 + 1}\right]\right\} = L \end{aligned} \tag{5.29}$$

根据预先估算的取值范围，通过数值方法求解方程(5.29)，可以很容易得到方程中的未知量 a_1。

根据图 5.15 所示的几何模型可得

$$\Delta\rho_2 = \Delta r + \frac{t_0}{2} + \frac{t_1}{2} \tag{5.30}$$

式中，t_0 为豆荚杆薄壳的厚度；t_1 为豆荚杆胶接边的胶层厚度。

根据基本假设 5.1，将式(5.30)代入到式(5.10)中，可得

$$\varepsilon_\theta^* = \begin{cases} \dfrac{-2\Delta\rho_2 + t_0 + t_1}{2r_0 + 2\Delta\rho_2 - t_0 - t_1}, & \widehat{BAB'} \\[3mm] \dfrac{2\Delta\rho_2 - t_0 - t_1}{2r_0 - 2\Delta\rho_2 + t_0 + t_1}, & \widehat{BC}和\widehat{B'C'} \\[3mm] 0, & \widehat{CD}和\widehat{C'D'} \end{cases} \tag{5.31}$$

式(5.31)中的应变仅是关于变量 $\Delta\rho_2$ 的函数。根据弹性应变的定义以及图 5.15、图 5.16 可知，完全卷曲起来的复合材料柔性豆荚杆沿 β 切向的面内应变可以表示为

$$\varepsilon_\beta = \frac{(\rho_2 + \Delta\rho_2)\mathrm{d}\beta - \rho_2\mathrm{d}\beta}{\rho_2\mathrm{d}\beta} = \frac{\Delta\rho_2}{\rho_2} \tag{5.32}$$

或者

$$\varepsilon_\beta = \frac{\Delta\rho_2}{\rho_2} = K\Delta\rho_2 \tag{5.33}$$

由式(5.22)和式(5.25)可知，式(5.32)中的应变只是关于 $\Delta\rho_2$ 和 α 的函数。式(5.31)和式(5.32)分别给出了复合材料柔性豆荚杆卷曲变形下沿 θ 和 β 切向的面内应变的解析表达形式。

根据前面的基本假设 5.9，可得

$$\varepsilon_{\beta\theta} = 0 \tag{5.34}$$

对于完全压扁(或拉扁)后的复合材料柔性豆荚杆的卷曲变形，在上下半片胶接的界面处会存在层间剪切应力。通过图 5.16 所示的微体沿着 β 方向力的平衡条件，可得

$$(N_\beta + \mathrm{d}N_\beta)\cos\frac{\mathrm{d}\beta}{2} - N_\beta\cos\frac{\mathrm{d}\beta}{2} - \tau \cdot 2b_1 \cdot 2\rho_2 \sin\frac{\mathrm{d}\beta}{2} = 0 \tag{5.35}$$

式中，N_β 为微体横截面上与 β 相切方向的轴向力；τ 为胶接界面处的层间剪切应力；b_1 为胶接边的宽度。

由于 $\mathrm{d}\beta$ 无穷小，$\cos\dfrac{\mathrm{d}\beta}{2} \approx 1$，$\sin\dfrac{\mathrm{d}\beta}{2} \approx \dfrac{\mathrm{d}\beta}{2}$，因此，式(5.35)变为

$$\tau = \frac{1}{2b_1\rho_2}\frac{\mathrm{d}N_\beta}{\mathrm{d}\beta} \tag{5.36}$$

将式(5.26)代入式(5.36)中，可得

$$\tau = \frac{1}{2b_1\sqrt{\rho_1^2 + \rho_1'^2}} \frac{\mathrm{d}N_\beta}{\mathrm{d}\alpha} \tag{5.37}$$

根据复合材料层合板理论，层合板第 k 层单层的应力可以表示为

$$\left[\sigma^k\right] = \left[\bar{Q}_{ij}^k\right]\left[\varepsilon^k\right] \tag{5.38}$$

即

$$\begin{bmatrix} \sigma_\beta^k \\ \sigma_\theta^k \\ \tau_{\beta\theta}^k \end{bmatrix} = \begin{bmatrix} \bar{Q}_{11}^k & \bar{Q}_{12}^k & \bar{Q}_{16}^k \\ \bar{Q}_{12}^k & \bar{Q}_{22}^k & \bar{Q}_{26}^k \\ \bar{Q}_{16}^k & \bar{Q}_{26}^k & \bar{Q}_{66}^k \end{bmatrix} \begin{bmatrix} \varepsilon_\beta \\ \varepsilon_\theta^* \\ \varepsilon_{\beta\theta} \end{bmatrix} \tag{5.39}$$

式中，$\left[\bar{Q}_{ij}^k\right]$ 是层合板第 k 层单层的转换折算刚度。

式(5.38)和式(5.39)是建立在线弹性假设之上的，将式(5.34)代入式(5.39)中，可以推导出

$$\begin{bmatrix} \sigma_\beta^k \\ \sigma_\theta^k \\ \tau_{\beta\theta}^k \end{bmatrix} = \begin{bmatrix} \bar{Q}_{11}^k & \bar{Q}_{12}^k & \bar{Q}_{16}^k \\ \bar{Q}_{12}^k & \bar{Q}_{22}^k & \bar{Q}_{26}^k \\ \bar{Q}_{16}^k & \bar{Q}_{26}^k & \bar{Q}_{66}^k \end{bmatrix} \begin{bmatrix} \varepsilon_\beta \\ \varepsilon_\theta^* \\ 0 \end{bmatrix} \tag{5.40}$$

通过式(5.40)，可得

$$\sigma_\beta^k = \bar{Q}_{11}^k \varepsilon_\beta^k + \bar{Q}_{12}^k \varepsilon_\theta^{*k} \tag{5.41}$$

根据轴向力的定义，可得

$$N_\beta = \int_A \sigma_\beta \mathrm{d}A \tag{5.42}$$

式中，$\mathrm{d}A$ 为豆荚杆薄壳上的微元面积。

将式(5.41)代入式(5.42)，可得

$$N_\beta = \sum_{k=1}^n \int_{A_k} (\bar{Q}_{11}^k \varepsilon_\beta^k + \bar{Q}_{12}^k \varepsilon_\theta^{*k})\mathrm{d}A \tag{5.43}$$

显然，在式(5.43)中仅包含 $\bar{Q}_{11}$ 和 $\bar{Q}_{12}$ 两项。需要指出的是，$\bar{Q}_{11}$ 和 $\bar{Q}_{12}$ 是任意单层在任意铺层角下的转换折算刚度系数(纵向、横向或角铺设等)，即对于任意单层在任意铺层角下的转换折算刚度系数 $\bar{Q}_{11}$ 和 $\bar{Q}_{12}$ 可以通过刚度矩阵的坐标变换得到，因此，式(5.43)考虑了铺层对复合材料柔性豆荚杆内力 N_β 的影响。

正如上面所提到的，式(5.32)中的应变是关于变量 $\Delta\rho_2$ 和 α 的函数，而式(5.31)中的应变只是关于变量 $\Delta\rho_2$ 的函数，与变量 α 无关，则

$$\frac{\mathrm{d}\varepsilon_\theta^{*k}}{\mathrm{d}\alpha}=0 \tag{5.44}$$

于是，对式(5.43)等号两边关于 α 求导数，可得

$$\frac{\mathrm{d}N_\beta}{\mathrm{d}\alpha}=\sum_{k=1}^{n}\int_{A_k}\bar{Q}_{11}^{k}\frac{\mathrm{d}\varepsilon_\beta^{k}}{\mathrm{d}\alpha}\mathrm{d}A \tag{5.45}$$

式中，$\mathrm{d}A=b_0\mathrm{d}(\Delta\rho_2)$，$b_0$ 为完全压扁或拉扁后的豆荚杆宽度。

将式(5.33)代入式(5.45)，可得

$$\frac{\mathrm{d}N_\beta}{\mathrm{d}\alpha}=\sum_{k=1}^{n}\int_{\frac{t_1}{2}+\frac{(k-1)t_0}{n}}^{\frac{t_1}{2}+\frac{kt_0}{n}}\bar{Q}_{11}^{k}\Delta\rho_2\frac{\mathrm{d}K}{\mathrm{d}\alpha}b_0\mathrm{d}(\Delta\rho_2) \tag{5.46}$$

将式(5.46)进一步整理，可得

$$\frac{\mathrm{d}N_\beta}{\mathrm{d}\alpha}=\frac{\mathrm{d}K}{\mathrm{d}\alpha}\sum_{k=1}^{n}\int_{\frac{t_1}{2}+\frac{(k-1)t_0}{n}}^{\frac{t_1}{2}+\frac{kt_0}{N}}b_0\bar{Q}_{11}^{k}\Delta\rho_2\mathrm{d}(\Delta\rho_2) \tag{5.47}$$

对式(5.47)等号右边进行积分运算，可得

$$\frac{\mathrm{d}N_\beta}{\mathrm{d}\alpha}=\frac{\mathrm{d}K}{\mathrm{d}\alpha}\sum_{k=1}^{n}\frac{b_0\bar{Q}_{11}^{k}\left[nt_0t_1+(2k-1)t_0^2\right]}{2n^2} \tag{5.48}$$

将式(5.27)代入式(5.48)，可得

$$\frac{\mathrm{d}N_\beta}{\mathrm{d}\alpha}=\frac{\rho_1\rho_1'\left(\rho_1'^2+\rho_1^2\right)^{1/2}\left(2\rho_1'^2-6\rho_1'-\rho_1^2\right)}{\left(\rho_1'^2+\rho_1^2\right)^3}\sum_{k=1}^{n}\frac{b_0\bar{Q}_{11}^{k}\left[nt_0t_1+(2k-1)t_0^2\right]}{2n^2} \tag{5.49}$$

再将式(5.49)代入式(5.37)，可以得到完全压扁(或拉扁)后的复合材料柔性豆荚杆卷曲变形时在胶接界面处的层间剪切应力：

$$\tau=\frac{b_0\rho_1\rho_1'\left(2\rho_1'^2-6\rho_1'-\rho_1^2\right)}{4n^2b_1\left(\rho_1'^2+\rho_1^2\right)^3}\sum_{k=1}^{n}\bar{Q}_{11}^{k}\left[nt_0t_1+(2k-1)t_0^2\right] \tag{5.50}$$

为进一步验证复合材料柔性豆荚杆被完全压扁(或拉扁)后的卷曲变形解析解，利用自制的卷曲变形试验装置(卷筒直径为 160mm，装置的外部约束转轴通过弹簧固定，在卷曲过程中可以保证复合材料柔性豆荚杆被卷得足够紧)，在大气室温环境下，完成了 3 个复合材料柔性豆荚杆试验件的卷曲变形试验(图 5.17)，试验件的横截面几何形状及尺寸参数如图 5.7 所示，长度为 1020 mm，壁厚为 0.4 mm，铺层方式为[45/–45/0/–45/45]，胶层厚度为 0.1mm，材料规格和力学性能如表 5.1 所示，复合材料柔性豆荚杆试验件采用真空热压和二次胶接的方法制备成型[5]。需要注意的是，在卷曲变形试验中，当复合材料柔性豆荚杆被完全卷起来时，如果有预先布置在其表面的应变片被卷进豆荚杆的里圈内，应变片上就会产生压力，而且还会影响卷紧的程度，这将直接影响到应变的测量精度。为了避免这个问题，

在复合材料柔性豆荚杆上布置的应变片应该布置在其自由面上，并且应靠近完全卷起来时的末端附近。图 5.18 和图 5.19 给出了复合材料柔性豆荚杆末端的应变片布置方案，总共布置了 15 组应变片，在 x 方向布置 3 行，在 y 方向布置 5 列，每一行沿着复合材料柔性豆荚杆试验件纵向布置 5 组应变片，它们之间的水平间距均为 100mm，每一列沿着复合材料柔性豆荚杆试验件横向布置 3 组应变片，分别位于圆弧 $\overset{\frown}{AB}$ 的顶点、圆弧 $\overset{\frown}{BC}$ 的中点和平直边 CD 的中点。试验过程中，记录 3 个复合材料柔性豆荚杆试验件通过卷筒卷曲时的应变，测定的复合材料柔性豆荚杆试验件的圆弧 $\overset{\frown}{AB}$ 的顶点处沿 β 和 θ 向上随极角 α 的变化的应变如图 5.20(a)、图 5.20(b)、表 5.3 和表 5.4 所示，圆弧 $\overset{\frown}{BC}$ 的中点处沿 β 和 θ 向上随极角 α 的变化的应变如图 5.20(c)、图 5.20(d)、表 5.5 和表 5.6 所示，其中，δ_1 是指试验测定的面内应变最大值与最小值之间的相对偏差，可以表示为

$$\delta_1 = \frac{|x_{\max} - x_{\min}|}{|x_{\max}|} \times 100\% \tag{5.51}$$

式中，x 是指试验测定的面内应变，且 $x_{\max} = \max\{x_1, x_2, x_3\}$，$x_{\min} = \min\{x_1, x_2, x_3\}$。

图 5.17　复合材料柔性豆荚杆卷曲测试

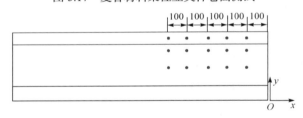

图 5.18　卷曲测试的应变布置方案

图 5.19　卷曲测试粘贴的应变片

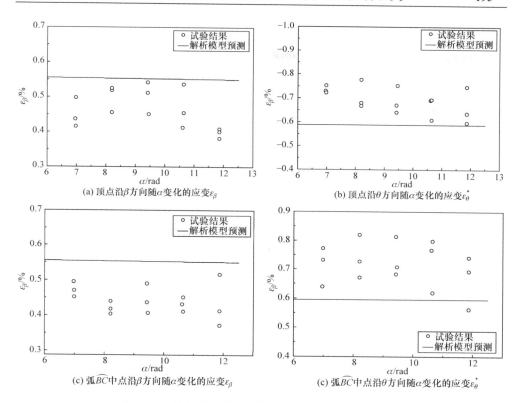

图 5.20　复合材料柔性豆荚杆卷曲应变分布试验结果

表 5.3　顶点沿 β 方向随 α 变化的应变 ε_β

	α				
	7	8.2	9.4	10.6	11.9
试样 1 试验值 ε_β^* /%	0.4370	0.5190	0.4510	0.4130	0.4090
试样 2 试验值 ε_β^* /%	0.4160	0.4560	0.5120	0.4550	0.4010
试样 3 试验值 ε_β^* /%	0.4980	0.5250	0.5420	0.5370	0.3820
平均值/%	0.4503	0.5000	0.5017	0.4683	0.3973
解析模型预测值/%	0.5540	0.5530	0.5520	0.5510	0.5500
试验值间相对偏差 δ_1 /%	17	13	17	23	7
预测值与试验值间相对偏差 δ_2 /%	23	11	10	18	38

表 5.4 顶点沿 θ 方向随 α 变化的应变 ε_θ^*

	α				
	7	8.2	9.4	10.6	11.9
试样 1 试验值 ε_θ^* /%	−0.7300	−0.7770	−0.7530	−0.6920	−0.7480
试样 2 试验值 ε_θ^* /%	−0.7230	−0.6800	−0.6410	−0.6940	−0.6360
试样 3 试验值 ε_θ^* /%	−0.7530	−0.6680	−0.6710	−0.6090	−0.5970
平均值/%	−0.7353	−0.7083	−0.6883	−0.6650	−0.6603
解析模型预测值/%	−0.5580	−0.5580	−0.5580	−0.5580	−0.5580
试验值间相对偏差 δ_1 /%	4	14	15	12	20
预测值与试验值间相对偏差 δ_2 /%	24	21	19	16	16

表 5.5 弧 $\widehat{BC}$ 的中点沿 β 方向随 α 变化的应变 ε_β

	α				
	7	8.2	9.4	10.6	11.9
试样 1 试验值 ε_β^* /%	0.4950	0.4400	0.4070	0.4320	0.3720
试样 2 试验值 ε_β^* /%	0.4710	0.4180	0.4900	0.4110	0.4130
试样 3 试验值 ε_β^* /%	0.4520	0.4040	0.4370	0.4520	0.5160
平均值/%	0.4727	0.4207	0.4447	0.4317	0.4337
解析模型预测值/%	0.5540	0.5530	0.5520	0.5510	0.5500
试验值间相对偏差 δ_1 /%	9	8	17	9	28
预测值与试验值间相对偏差 δ_2 /%	17	32	24	28	27

表 5.6 弧 $\widehat{BC}$ 的中点沿 θ 方向随 α 变化的应变 ε_θ^*

	α				
	7	8.2	9.4	10.6	11.9
试样 1 试验值 ε_θ^* /%	0.6390	0.8200	0.7080	0.7680	0.6930
试样 2 试验值 ε_θ^* /%	0.7320	0.6710	0.8140	0.7990	0.7420
试样 3 试验值 ε_θ^* /%	0.7730	0.7270	0.6830	0.6190	0.5630
平均值/%	0.7147	0.7393	0.7350	0.7287	0.6660
解析模型预测值/%	0.5950	0.5950	0.5950	0.5950	0.5950
试验值间相对偏差 δ_1 /%	17	18	16	23	24
预测值与试验值间相对偏差 δ_2 /%	17	20	19	18	11

在试验后，所有复合材料柔性豆荚杆试验件均可恢复至初始形状，并且在卷曲测试过程中没有观测到任何的破坏。由图 5.20(a)～图 5.20(d)以及表 5.3～表 5.6 可知，测定的复合材料柔性豆荚杆试验件在同一位置处的应变存在一定的分散性，

相对误差的范围为 4%～28%，这主要是由组分材料初始性能的分散性以及复合材料柔性豆荚杆试验件制备、测试过程中的不确定性所导致，试验过程中，其他潜在因素也可能会对试验结果产生影响，如复合材料柔性豆荚杆试验件初始的曲率半径、扭转、翘曲变形、横向剪切变形以及弹性耦合等，从工程角度出发，忽略了这些因素对大变形试验的结果产生的影响。

根据式(5.31)、式(5.32)及表 5.1 所列出的复合材料柔性豆荚杆规格和力学性能，可以得到复合材料柔性豆荚杆被完全压扁(或拉扁)后卷曲变形时的应变(图 5.20(a)～图 5.20(d)和表 5.3～表 5.6)，其中，δ_2 是指试验测定的面内应变的平均值与解析方法预测结果之间的相对偏差，可以表示为

$$\delta_2 = \frac{|\bar{x} - \hat{x}|}{|\bar{x}|} \times 100\% \tag{5.52}$$

式中，$\bar{x}$ 为试验测定结果的平均值；$\hat{x}$ 为理论预测值。

由图 5.20(a)～图 5.20(d)和表 5.3～表 5.6 可知，理论预测曲线与试验测定结果趋势一致，吻合良好，相对误差范围为 10%～38%，在可接受的范围内。因此，可以认为本书提出的解析模型在预测复合材料柔性豆荚杆在被完全压扁(或拉扁)后卷曲变形时的面内应变是合理有效的。

根据式(5.50)和表 5.1 所列出的复合材料柔性豆荚杆规格和力学性能，可以得到复合材料柔性豆荚杆在卷曲变形时胶接界面处的层间剪切应力(图 5.21)。由图 5.21可知，复合材料柔性豆荚杆在卷曲变形时胶接界面处的层间剪切应力随极角 α 增加而减小，虽然限于目前的试验手段无法进行验证，但通过式(5.50)预测的趋势与真实的物理现象符合，验证了解析方法合理性。值得指出的是，解析模型中要用到的参数比较容易获得，因此，很容易完成对卷曲变形与层间剪切应力的预测。

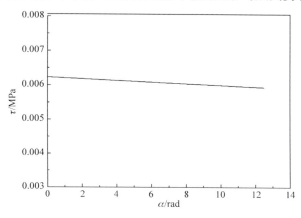

图 5.21　理论预测的复合材料柔性豆荚杆在其胶接界面处的层间剪切应力

5.3　复合材料柔性豆荚杆的热变形

　　基于复合材料柔性豆荚杆技术的大型可展开太阳帆等空间飞行器在轨服役时 (图 5.22)，要承受复杂严酷太空热环境，其主支撑结构为封闭腔体的柔性复合材料薄壁管件结构，长度甚至可达上百米，受热不均很容易导致严重热变形。封闭腔体的复合材料薄壁管件结构与周围环境的热交换原理如图 5.23 所示，主要包括太空热沉、太阳辐射、地球红外辐射、结构热传导、结构表面辐射和腔体辐射等热源和热交换模式。

图 5.22　基于复合材料柔性豆荚杆技术的太阳帆飞船[7]

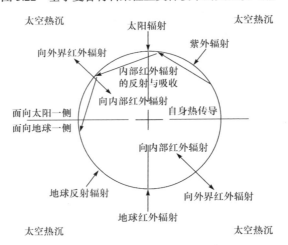

图 5.23　薄壁腔体结构在太空中的传热机制示意图

　　太空环境可以认为是真空，主要传热方式为热辐射和热传导。外部热源主要

考虑太空热沉、太阳辐射、地球红外辐射，忽略其他次要因素，其中太空热沉为4K。通常太空中的太阳辐射强度取为[6]

$$I_0 = 1367\text{W}/\text{m}^2 \tag{5.53}$$

图 5.24 给出了太空热环境示意图，地球离太阳的距离 $L = 1.5 \times 10^8\,\text{km}$，太阳半径 $R_s = 6.957 \times 10^5\,\text{km}$，地球半径 $R_e = 6371\,\text{km}$，由图 5.24 所示的几何关系可知，在地球附近太阳辐射的强度变化仅为

$$\Delta = \frac{I_0 - I_0 \cos\theta}{I_0} \times 100\% = \left[1 - \frac{\sqrt{\left(R_s + R_e + L\right)^2 - R_e^2}}{R_s + R_e + L}\right] \times 100\% = 8.94 \times 10^{-8}\%$$

$$\tag{5.54}$$

因此，将太阳辐射当作平行光，认为其辐照度不随距离变化。

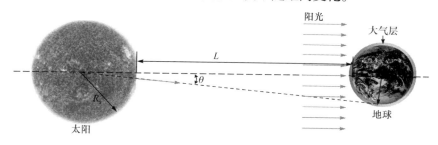

图 5.24　太空热环境示意图

太阳投射到地球上的辐射能，部分被地球吸收，被吸收的能量又以红外辐射能的形式向太空辐射耗散，地球红外辐射强度可表示为[6]

$$Q_e = \tau I_0 R_e^2 \frac{1 - \rho_g}{4\left(R_e + H\right)^2} \tag{5.55}$$

式中，τ 为大气透明系数，可取为 0.9；H 为轨道高度；ρ_g 为反射率，工程上，一般选为 0.30。

由式(5.55)可得到地球红外辐射热流随轨道高度的变化(图 5.25)，随着轨道越来越高，地球红外辐射热流越来越小，在地球表面的最大地球红外辐射热流约为200W/m²。

在地面模拟太空热环境条件具有很大的挑战性，模拟太空热环境热测试需具备 3 个关键的条件[8]：

① 超高真空度；② 超冷黑热沉；③ 加载热流。

需要指出，试验中的热沉温度约为 93.15K(–180℃)，而非 4K(–269℃)，这是由于模拟真实太空环境的热沉温度成本非常大，技术上也很困难。

根据物体表面红外辐射定律[9]，可得

$$Q_A = \varepsilon A \sigma \left(T_1^4 - T_2^4 \right) \tag{5.56}$$

式中，T_1 为物体表面热力学温度；T_2 为热沉热力学温度；ε 为辐射率；A 为物体表面积；σ 为斯特藩-玻尔兹曼常数[5.67×10^{-8}W/($m^2 K^4$)]。

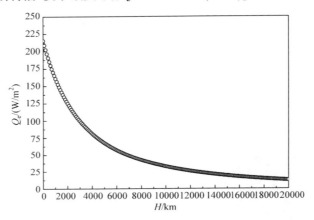

图 5.25　地球红外辐射热流强度随轨道高度的变化

将式(5.56)进一步变换为

$$Q_A = \varepsilon A \sigma (1 - \lambda) T_1^4 \tag{5.57}$$

式中，λ 为中间变量，反映了热沉温度对物体表面红外辐射传热效率的影响，具体可以表示为

$$\lambda = \frac{T_2^4}{T_1^4} \tag{5.58}$$

如果物体表面温度范围为 $T_1 \in [-173.15\text{K}, 373.15\text{K}]$，或者可表示为 $T_1 \in [-100℃, 100℃]$ 时，由式(5.58)，可得

$$\begin{cases} 0.0038 \leqslant \lambda \leqslant 0.0838, & T_2 = 93.15\text{K} \\ 1.32 \times 10^{-8} \leqslant \lambda \leqslant 2.85 \times 10^{-7}, & T_2 = 4\text{K} \end{cases} \tag{5.59}$$

式(5.59)定量给出了热试验温度和太空环境热沉温度对物体表面红外辐射传热效率的影响，可知，二者对物体表面红外辐射的影响相差较小(不超过8.38%)，因此，可近似用试验热沉条件模拟太空环境热沉条件，能够满足工

程实际需求。

用于热试验的复合材料柔性豆荚杆的几何参数如图 5.26 所示，长度为 1000mm，由两个完全相同的碳纤维复合材料薄壳胶接而成，每个薄壳的横截面由水平胶接边(宽为 16mm)和三段相切圆弧(曲率半径为 60mm，凸弧和凹弧的圆心角分别为 60°和 120°)组成。凸弧和凹弧的铺层分别为[45/0/−45/0/−45/0/45]和[45/−45/0/−45/45]，单层厚度为 0.03mm。

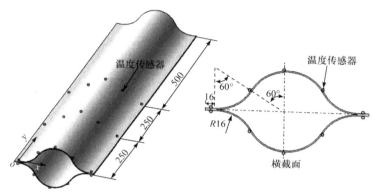

图 5.26　模拟太空环境热试验中温度传感器布置方案(单位：mm)

夜晚，空间飞行器仅承受地球红外辐射；白天，轨道高度较高时，空间飞行器主要承受太阳辐射。因此，采取豆荚杆单面垂直照射加载热流的方式，通过改变热流强度，模拟夜晚和白天两种工况。加载热流的范围定为 200~1400W/m²，由低到高逐级加载，级差为200W/m²，共 7 种热流工况条件。

温度传感器布置方案如图 5.26 所示，在豆荚杆上下半片沿 y 向从一端开始布置 3 组温度传感器，其间距为 250mm，并每组沿 x 向布置 5 个监测点，分别位于胶接边中点、凸弧与凹弧的切点和凸弧中点。复合材料柔性豆荚杆试验件如图 5.27(a)所示，按照图 5.26 所示的方案布置温度传感器。利用前述的热试验方案搭建的热试验系统[图 5.27(b)，主要包括真空罐、热沉、红外灯阵、豆荚杆试验件、热流计和温度传感器等]；通过控制红外灯的功率调节加载热流的大小[图 5.27(c)]，利用热流计实时监测和反馈热流值，并通过温度传感器测量各监测点的温度，以满足试验要求。开始试验后，首先，抽真空[图 5.27(d)]，当真空度优于 10⁻⁵Pa 时，开始预冷，当热沉温度稳定达到−180℃左右时，开启红外灯，加载热流范围 200~1400W/m²，由低到高逐级加载，级差为200W/m²，每加载一级热流时，当达到热平衡稳定状态后保持半小时以上，方可读取各监测点的温度数据。

(a) 复合材料柔性豆荚杆试验件

(b) 测试系统

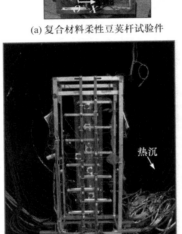

(c) 红外灯开启

(d) 试验过程

图 5.27　模拟太空环境热试验

　　试验测定的复合材料柔性豆荚杆稳态热平衡温度分布如图 5.28 所示，由于各个加载热流强度下的温度分布类似，因此，只给出了 200W/m² 热流条件下的温度场分布。由图 5.28 可知，复合材料柔性豆荚杆的受照面的温度明显高于背阴面的温度，最高温度出现在受照面凸弧中心附近的区域，而最低温度出现在背阴面端部的凸弧附近区域，并且沿着长度方向存在一定温度梯度。复合材料柔性豆荚杆的整体温度水平随着热流密度的增大而升高，测定的最高温度和最低温度随热流的变化如图 5.29 和表 5.7 所示，其中 200W/m²(对应在轨服役时的夜晚)加载热流时最高温度和最低温度为 217K 和 168.2K，1400W/m²(对应在轨服役时轨道高度较高的白天)加载热流时最高温度和最低温度为 339.5K 和 221.6K，可见，在轨服役的复合材料柔性豆荚杆在白天和夜晚存在巨大温差，而且复合材料柔性豆荚杆的受照面和背阴面存在非常显著的温度差异。

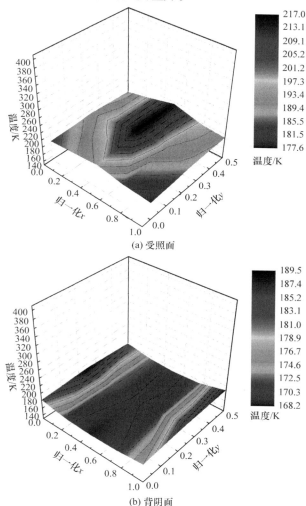

图 5.28　试验测定的 200W/m² 热流条件下的温度场分布

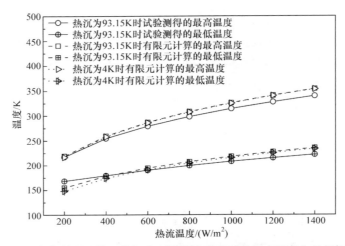

图 5.29　复合材料柔性豆荚杆在不同热流强度下的最高温度和最低温度

表 5.7　复合材料柔性豆荚杆在不同热流强度下的最高温度和最低温度

热流/(W/m²)	最高温度/ K		相对误差/%	最低温度/ K		相对误差/%
	试验值	有限元		试验值	有限元	
200	217.0	219.1	0.92	168.2	154.9	7.96
400	254.6	259.6	1.88	179.4	178.4	0.56
600	279.0	286.9	2.76	190.0	194.5	2.26
800	298.2	308.1	3.32	199.4	207.3	3.96
1000	313.8	325.7	3.73	207.6	217.9	4.96
1200	327.4	340.8	4.09	214.8	227.1	5.73
1400	339.5	354.0	4.23	221.6	235.2	6.16

　　根据图 5.26 和图 5.27 所示的几何模型和试验条件，通过 Abaqus 软件建立复合材料柔性豆荚杆传热分析的三维有限元模型[图 5.30(a)][8]，采用八节点的 DS8 壳单

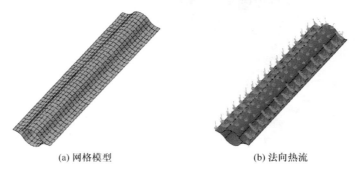

　　　(a) 网格模型　　　　　　　　　　　　(b) 法向热流

图 5.30　温度场分析有限元模型

元对复合材料层建模，共 1040 个单元。在复合材料柔性豆荚杆的外表面设置表面辐射，内表面设置腔体辐射。利用解析场的方式加载热流，受照面的法向热流分量如图 5.30(b)所示。表 5.8 给出了复合材料柔性豆荚杆有限元模型中材料的热性能参数。

表 5.8　复合材料单层材料热力学性能参数

性能参数	数值
纵向热传导系数 λ_1 /[W/(m·K)]	6.48
横向热传导系数 λ_2 /[W/(m·K)]	1.10
厚度方向热传导系数 λ_3 /[W/(m·K)]	1.10
纵向热膨胀系数 α_1 / K^{-1}	2.13×10^{-6}
横向热膨胀系数 α_2 / K^{-1}	32.05×10^{-6}
厚度方向热膨胀系数 α_3 / K^{-1}	32.05×10^{-6}
比热容 c_p /[J/(g·K)]	1.12
密度 ρ /(g/cm^3)	1.6
单层厚度/ mm	0.03
纵向弹性模量 E_1 / GPa	138.3
横向弹性模量 E_2 / GPa	5.8
面内剪切弹性模量 G_{12} / GPa	2.5
泊松比 μ_{12}	0.3

利用上面的有限元模型，模拟了 7 种热流条件下复合材料柔性豆荚杆稳态平衡状态的温度分布。图 5.31 给出了复合材料柔性豆荚杆在 200W/m² 热流条件下计算得到的温度分布，由图 5.31 可知，复合材料柔性豆荚杆的受照面的温度明显高于背阴面的温度，这是由于上表面可以直接承受热流获得热量，而下表面主要靠辐射和热传导获得热量，传热效率相对较低。最高温度出现在受照面凸弧中心附近的区域，而最低温度出现在背阴面端部的凸弧附近区域，并且沿着长度方向存在一定温度梯度，呈现出明显的腔体辐射传热效应。豆荚杆的整体温度水平随着热流密度的增大而升高，预测的最高温度和最低温度随热流的变化如图 5.32 和表 5.7 所示，最高温度和最低温度的预测值与试验值的最大误差分别 4.23%和 7.96%。图 5.32 给出了 200W/m²、800W/m² 和 1400W/m² 三

种热流条件下复合材料柔性豆荚杆上下凸弧的中心点沿着归一化轴向长度方向的温度分布，由图 5.32 可知，从两端到中心的温度逐渐升高且梯度逐渐减小，在大约 1/5 轴向长度处温度梯度开始几乎趋于 0。腔体辐射和表面辐射的共同作用使两端附近的区域热量散失更多，所以，端部的温度最低，中心的温度最高；同一热流条件下，下表面的温度梯度高于上表面的温度梯度；模拟结果与试验结果吻合良好。

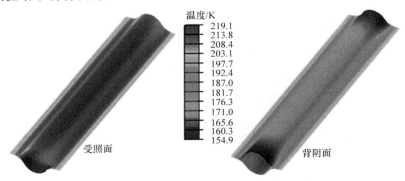

图 5.31　有限元计算的 200W/m² 热流时复合材料柔性豆荚杆温度场分布

通过 Abaqus 软件，建立复合材料柔性豆荚杆热变形分析的三维有限元模型，网格模型与前面传热分析一致，采用八节点的 S8R 壳单元对复合材料层建模，共1040 个单元，表 5.8 示出了复合材料柔性豆荚杆材料的热力学性能；采用对称边界条件(图 5.33)，参考温度为室温 298.15K，通过设置模型接口，将传热模型的分析结果导入热变形分析模型，作为加载温度。

(a) 路径

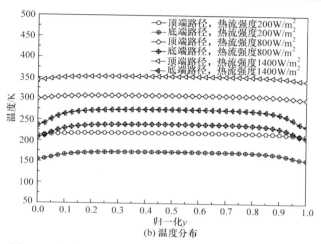

(b) 温度分布

图 5.32　复合材料柔性豆荚杆顶端和底端路径温度场分布

图 5.33　热变形分析边界条件

图 5.34 和图 5.35 给出了 200W/m² 、800W/m² 和 1400W/m² 三种热流条件下复合材料柔性豆荚杆的热变形分析结果，采用 y 向位移分布表征整体弯曲程度。由

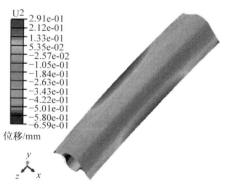

图 5.34　200W/m² 热流强度时横向热变形分布

图 5.35 可知，整体弯曲程度随热流的增大而增大。此外，局部胶接边也存在较大的热变形。显然，复合材料柔性豆荚杆上下表面的温差会导致明显的弯曲变形。

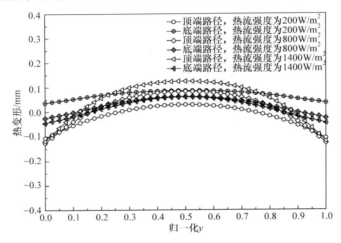

图 5.35　复合材料柔性豆荚杆顶端和底端沿长度方向的横向热变形分布

5.4　复合材料柔性豆荚杆的热屈曲

复合材料柔性豆荚杆主要功能是可以折叠并依靠自身储存的弹性能展开，展开后需要能承受一定的轴向压缩载荷，同时，应用于航天领域的复合材料柔性豆荚杆通常处于高温和低温环境下工作，因此，需要研究其高温和低温压缩稳定性性能[10]。选择如图 5.7 所示的横截面几何尺寸制备复合材料柔性豆荚杆，分别完成了其在室温(25℃)、高温(100℃)和低温(−80℃)条件下的轴向压缩稳定性试验。复合材料柔性豆荚杆铺层为[45/−45/0/−45/45]，有效测试长度 300mm(总长 330mm，其中两边的夹持端各 15mm)，胶层厚度为 0.1mm。

在复合材料柔性豆荚杆的屈曲试验中，试验件承受轴向压缩载荷，一端为固支边界条件，另一端为简支边界条件。在干态环境下，通过液压伺服 INSTRON-8081 试验机完成了复合材料柔性豆荚杆在 25℃、100℃和−80℃条件下的屈曲试验，试验机加载速率为 2mm/min。图 5.36 和图 5.37 分别给出了试验件安装夹具与安装方式；图 5.38(a)和图 5.38(b)分别给出了温度环境控制箱及控制系统，用于提供试验所需的高温和低温环境，利用环境箱自带的加热系统提供试验所需的高温 100℃环境，而通过液氮冷却实现低温−80℃环境。试验过程中，在没有观察到任何的目视边界滑移，记录每种温度环境下的载荷-位移曲线(图 5.39)以及相应的屈曲失效过程(图 5.40~图 5.42)。

(a) 简支端夹具　　　　　　　　　(b) 施加轴向压缩载荷端的夹具

图 5.36　复合材料柔性豆荚杆轴向压缩屈曲试验夹具

图 5.37　试验件安装

(a) 高温试验的加热系统　　　　　　　　(b) 低温试验环境系统

图 5.38　试验件装夹和温度控制箱

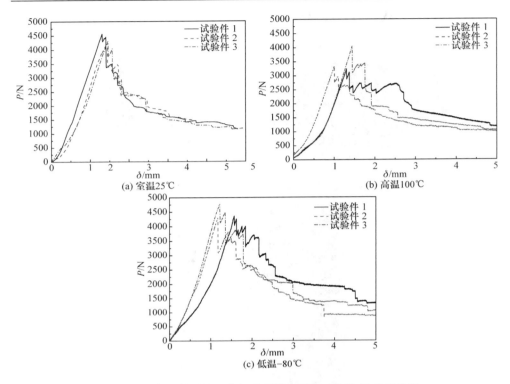

图 5.39　复合材料柔性豆荚杆承受轴向压缩时的载荷-位移曲线

由图 5.39 可知，3 种温度环境下的载荷-位移曲线遵循相似的趋势，即载荷-位移曲线的初始阶段表现为近似线性关系，然后，达到峰值，预示发生屈曲并开始扩展，屈曲的发生导致载荷-位移曲线出现突降。值得注意的是，100℃条件下的载荷-位移曲线初始近似的线性段看起来比 25℃ 和–80℃的更加弯一些，可能是由材料软化导致。

最终失效载荷很容易通过试验件的断裂载荷确定，为了进一步讨论复合材料柔性豆荚杆发生屈曲的机理，采用临界屈曲载荷描述载荷第 1 次的突降，它可以通过试验测定的载荷-位移曲线确定。由图 5.39 可以确定 3 种温度条件下的临界屈曲载荷，具体结果如表 5.9 所示。由表 5.9 可知，在 25℃、100℃和–80℃条件下的平均临界屈曲载荷分别为 4394.7N、3537.4N 和 4493.6N，因此，低温–80℃条件下的平均临界屈曲载荷比室温 25℃条件下的平均临界屈曲载荷高 2.2%左右，而高温 100℃条件下的平均临界屈曲载荷比室温 25℃条件下的平均临界屈曲载荷低 19.5 %左右，平均临界屈曲载荷发生了显著的下降。

通过试验观察到的屈曲失稳现象(图 5.40～图 5.42)可知，随着轴向压缩载荷的增加，首先在复合材料柔性豆荚杆中间附近靠近胶接边的区域发生屈曲[图 5.40(a)、图 5.41(a)和图 5.42(a)]，载荷-位移曲线出现小幅度的突降[图 5.39(a)～图 5.39(c)]；在屈曲出现之后，复合材料柔性豆荚杆可以继续承受一定的载荷直至最终完全的失效，也就是说，随着载荷增加，屈曲沿着中间附近的区域连续扩展[图 5.40(b)、图 5.41(b)和图 5.42(b)]直至断裂[图 5.42(c)]，因此，复合材料柔性豆荚杆在 3 种不同温度下的轴向压缩失效模式可以用沿着中间区域附近的屈曲发生与扩展描述，直至最终断裂。

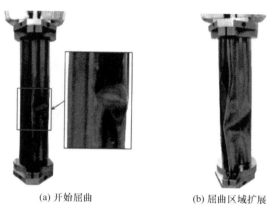

(a) 开始屈曲　　　　　　　　　　(b) 屈曲区域扩展

图 5.40　室温环境下复合材料柔性豆荚杆轴向压缩屈曲失效过程

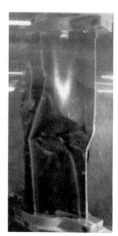

(a) 开始屈曲　　　　　　　　　　(b) 屈曲区域扩展

图 5.41　高温环境下复合材料柔性豆荚杆轴向压缩屈曲失效过程

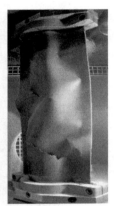

(a) 开始屈曲　　　　　(b) 屈曲区域扩展　　　　　(c) 脆裂

图 5.42　低温环境下复合材料柔性豆荚杆轴向压缩屈曲失效过程

表 5.9　试验测定的轴向压缩临界屈曲载荷

	温度/℃		
	25	100	−80
试验 1 试验值/N	4561.8	3325.6	4364.7
试验 2 试验值/N	4278.3	3244.7	4317.6
试验 3 试验值/N	4343.9	4041.9	4798.4
试验平均值/N	4394.7	3537.4	4493.6
预测值/N	4841.1	4016.4	5269.2
相对误差/%	9.2	11.9	14.7

　　根据图 5.7 所示的几何形状，建立了复合材料柔性豆荚杆的有限元模型[10]，采用局部坐标系定义纤维方向，定义的局部坐标系 1-2-3 与整体层合板的纵向、横向和厚度方向一致(图 5.43)。采用 ANSYS12.0 中的 SHELL99 层单元模拟复合材料豆荚杆薄壳，共 6720 个四边形单元，复合材料柔性豆荚杆的铺层为[45/−45/0/−45/45]，材料力学性能如表 5.1 所示。

　　通过特征值屈曲分析方法，可以得到复合材料柔性豆荚杆在 25℃、100℃和−80℃条件下的屈曲模态相应的临界屈曲载荷，分别为 4841.1N、4016.4N 和5269.2N(图 5.44 和表 5.9)。由图 5.44 可知，初始屈曲首先发生在复合材料柔性豆荚杆中间附近靠近胶接边的区域，这与试验观察到的现象相吻合[图5.41(a)、图5.41(a)和图 5.42(a)所示]。

　　由表 5.9 可知，有限元方法预测的复合材料柔性豆荚杆在 25℃、100℃和−80℃

条件下的临界屈曲载荷与试验测定结果之间的相对误差分别为 9.2%、11.9%和 14.7%，误差在可接受范围之内。试验测定的临界屈曲载荷与预测结果相比要偏小一些，这可能是由试验中结构的刚度变化引起的。事实上，试验中没有看到的边界滑移和并非完全的简支和固支条件改变了结构的整体刚度，而分析模型采用的是理想模型，另外，复合材料柔性豆荚杆本身可能存在不可检测的缺陷，并且试验测试方法也会存在一定的系统误差，这就导致了预测值比试验测量结果偏高。

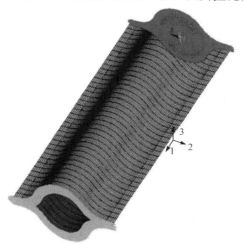

图 5.43　复合材料柔性豆荚杆有限元模型

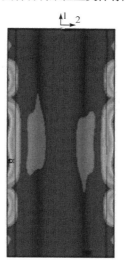

图 5.44　屈曲模态

参 考 文 献

[1] Bai J B, Xiong J J, Gao J P, er al. Analytical solutions for predicting in-plane strain and interlaminar shear stress of ultra-thin-walled lenticular collapsible composite tube in fold deformation. Composite Structures, 2013, 97: 64-75.

[2] Bai J B, Chen D, Xiong J J, et al. A corrugated flexible composite skin for morphing applications. Composites Part B, 2017, 131: 134-143.

[3] Bai J B, Chen D, Xiong J J, et al. Folding analysis for thin-walled deployable composite boom. Acta Astronautica, 2019, 159: 622-636.

[4] Norman A D, Seffen K A, Guest S D. Morphing of curved corrugated shells. International Journal of Solids and Structures, 2009, 46:1624-1633.

[5] 白江波, 熊峻江, 高军鹏, 等. 可折叠复合材料豆荚杆的制备与验证. 航空学报, 2011, 32(7): 1217-1223.

[6] Xiong J J, Bai J B, Chen L. Simplified analytical model for predicting the temperature of on high-altitude. International Journal of Thermal Sciences, 2014, 76: 82-89.

[7] Block J, Straubel M, Wiedemann M. Ultra-light deployable booms for solar sails and other large gossamer structures in space. Acta Astronautica, 2011, 68: 984-992.

[8] Bai J B, Shenoi R A, Xiong J J. Thermal analysis of thin-walled deployable composite boom in simulated space environment. Composite Structures, 2017, 173: 210-218.

[9] 杨世铭, 陶文铨. 传热学. 北京: 高等教育出版社, 2006.

[10] Bai J B, Xiong J J. Temperature effect on buckling properties of ultra-thin-walled lenticular collapsible composite tube subjected to axial compression. Chinese Journal of Aeronautics, 2014, 27: 1312-1317.